提问力

有效推进工作的最佳技能

【日】蟇田吉昭 ◎ 著

徐萌 ◎ 译

中国出版集团 现代出版社

一旦掌握提问力，

你的工作就会顺利进行。

拥有"提问力"，使你的工作顺风顺水

我在广告公司博报堂担任广告创意制作人。

从广告制作到宣传，统筹所有涉及创意的工作。当我还是一个新人的时候不仅制作过广告，也写过文案，近十年我还为政治家、企业领导者撰写过演讲或记者招待会的演讲文稿。

我并不是一个可以随心所欲创作作品的艺术家。思考解决某个课题的方案并付诸实施，为委托人排忧解难——这便是我的工作。

因此，有时我需要切中客户的要害之处，引导对方说出隐藏的真心话。回首过去，我发现自己竟硬着头皮处理了棘手得超乎想象的沟通难题。

这样的工作持续了35年，使我再次意识到"提问力"的重要性。

没错，实际上"提问力"才是有效推进工作的最佳技能。

提到"提问力"这个词，有不少人就会想起学生时代上课的经历。

在一节课快结束时，老师会问大家："有想提问的同学吗？"然后我们就会迫不得已地想出问题。是不是举手的人总是固定的那几个呢？

我听过那些提问就发现，他们要么是出风头，为了让老师记住自己的名字；要么就是只为了反对而强词夺理地发言。有些人会占用很长时间问一些自己查一查就能明白的问题，而也有些人提出的问题则说明他根本没听明白老师在讲什么。

因此，对"提问"没什么好印象——这或许并非你的真实想法。

但是，我在这里提到的"提问"与之不同。

这是一种技巧，为了更顺利地推进自己的工作，营造一个能令对方卸下伪装、渴望吐露心声的环境，并且与对方成为凝视同一方向的"伙伴"。这种技巧可以帮助我们在接纳对方的观点后唤起对方的共鸣，与此同时还能发展、扩大自己的事业。

遗憾的是，我们不得不承认如今年轻人的这种"提问力"正在显著下降。究其原因，或许是因为在教育方面我们的教育者总过度鼓励辩论赛和个人演讲技巧的提升。

另外，网络社交平台上的交流已经成为主流，与人面对面交谈的经验越来越少，这也是原因之一吧。往往勇于坚持表达观点的人、拥有决定权的人的意见会被采纳，因此在相互提问中创造共鸣故事的经验就越来越少了。

但是，在我作为广告人的漫长岁月中，没有任何一项工作是凭借自己一个人的意见顺利完成的。大多数工作都是我利用"提问力"获取自己不知道的信息，接纳别人的反对意见，大家抱着看推理小说的心态相互谈论细节，有时都不知道是谁率先提出了意见。接纳了别人的意见，你才能在工作中做出比较大的成绩。

为了介绍"提问力"，经过长期钻研，我编写了本书，可以为你顺利开展工作提供想法和方法。

讲座仅有 5 天，每天提供 5 种方法，一共 25 种。

这 5 天的讲座按照以下顺序进行。

第 1 天，提高"自我提问力"。

为了掌握"提问力"，首先，需要我们将自己的大脑转变为"提问型大脑"。请与总是在抱怨"好累啊""那个人好难相处"的"情感型大脑"告别，打造一个遇事会问"怎么回事""为什么"的"提问型大脑"吧。

第 2 天，"聆听姿态"的训练。

要有对方才能完成"提问"。但是，我们的大脑通常只思考自己想说的事情，缺乏聆听的能力。这里会传授给大家一些诀窍，使大家在掌握"提问力"的基础上，在认真聆听对方讲话的同时，还能让对方知道自己在"认真地聆听"。

第 3 天，用 5 种"提问类型"引导出确切答案。

如果无法提出清晰易懂的问题，那么我们就无法从对方那里获取高质量的信息和思想。为了引导对方给出优质答案，我们应该牢记一些更有效率的"提问类型"，不能一味坚持自己的风格。在这一天的课程中，我会依据自己的经历总结 5 种提问类型。

第 4 天，用"隐蔽式提问"引导对方说出真心话。

仅凭一般提问无法让对方说出真心话。我们需要营造一种氛围，打动对方的情感，使其产生多倾诉一点的意愿，引导其吐露心声。正面出击很难得到我们想要的答案，所以一起来学习"深度提问"吧。

第 5 天，用"带入式提问技巧"坚持自己的观点。

如何坚持自己的观点？最后这一天我会介绍一些具体的技巧，利用这些技巧你可以一边反复、细致地"提问"，一边引导对方加入自己的阵营。能做到这一步，相信你的"提问力"已经达到最高级别了。

综上，这就是本书的大致体系，实际上，在我看来，用5天学习25种方法很有难度。

如果你在阅读的过程中能发现一些自己或许能做到的方法，请先试着实践一下。如果觉得有的方法对自己有些难，那么就去尝试其他的方法吧。在尝试与失败的循环中不断提升你的"提问力"。

本书的主人公是入职4年的唐泽润、三田小百合和他们就职的综合文具厂商"立木公司"的人事研修讲师濑木老师，主要内容围绕着濑木老师的讲义和在讲课过程中的对话展开。书中之所以大量使用对话，是因为很难用教科书式的书面语言表达出"提问力"的精髓。我希望大家在阅读时将自己代入3人的对话中，并能从中有所收获。

接下来，请开启用"提问力"改变人生的旅程吧。

蕃田吉昭

目　　录

DAY 1　提高"自我提问力"

DAY 3　用 5 种"提问类型"引导出确切回答

DAY 4　用"隐蔽式提问"引导对方说出真心话

DAY 5　用"带入式提问技巧"坚持自己的观点

唐泽润"提问力"觉醒的前夜

不知是"水逆"还是流年不利，这个故事的主人公唐泽润最近没遇到一件好事。

3个月前，交往了两年的女朋友向他提出分手："说到底你只对自己感兴趣。从不听我说话，你压根儿就不想多了解我。"这是她最后的告别语。这对唐泽润而言简直是晴天霹雳，原本他已经做好准备去听女朋友说那些无聊的抱怨之言。

被"不满意"围绕的每一天

以分手为开端，倒霉的事接踵而至。唐泽润用一周时间绞尽脑汁撰写的计划书，提交后立即被部长打回："嗯——我应该不是这样交代你的，唐泽润，你之前认真听我说话了吗？"没过多久，他再次被部长点名批评："刚才客户投诉说：'我不提的事唐泽润就不去做。是不是跟我们太熟，就变得不思进取了？'

你有没有认真对待工作啊！"

唐泽润也有些不服气，他觉得自己当然是在认真地工作。

不过，客户认为自己"只会做他提到的事"，唐泽润觉得因为对方不提出来自己才没办法去做，"我很认真地在听大家讲话，也都悉心做了回应，可是每个人都觉得不满意，这是为什么呢？我哪里做错了！或许我不适合销售这份工作。"

唐泽润所在的立木公司是日本知名的综合性文具厂商，从高级钢笔到学生们日常使用的笔记本，产品种类很多。

唐泽润负责销售一款名为"Dream Point"，在 10 年前很火的圆珠笔。但是，由于新品不断抢占市场，这款圆珠笔的销量呈现逐渐下滑的趋势。

销售员唐泽润每天都会去自己负责的东京市内大型文具店巡场，但与对方的负责人却没什么新话题可聊。他总是很努力地想向对方打听一些信息，但是对方却不怎么理会。

"与其说我，不如说是商品不思进取。这商品都上市这么久了还有什么可聊的。"唐泽润在公司食堂里食不甘味地吃着午饭，突然后背被人"啪"地拍了一下，是同期进入公司的三田小百合。

"喂,你怎么驼背啦,看起来无精打采的。这样的销售可不太合格哦。"

三田的餐盘里装着满满的沙拉和肉,看起来心情不错的样子。都说她是同一批进公司的女生中最漂亮的,如今4年过去了,她的笑容磨炼得越发美丽了。

三田隶属企划部。

她分析全国高考生的需求后打造的"My Dream"笔记本很有人气,使她一跃成为企划部的王牌人物。

"真羡慕三田,长得这么漂亮……"唐泽润忍不住想抱怨两句。

可能是遇到很久没见的同期同事,唐泽润心情放松下来,不自觉地开始诉苦,关于失恋、计划书、客户的投诉、被责怪

我曾经也遇到过这样的情况。

不好好听别人说话、被人批评太消极……

一起学习"提问力"！

三田吃着蟹肉沙拉，耐心地听着唐泽润发牢骚，等到他抱怨完毕，三田开口说道："其实我也在一年前遇到过同样的状况。自己觉得还不错的企划案根本得不到认可。我当时脑袋一热，想过换一家更赏识我才能的公司，但就在这时我得知大学时代的濑木周作老师来咱们公司为员工培训授课。这位老师曾在广告公司担任广告制作人，并在很多大学授课。他写了很多东西，从商品文案到政治家的演讲稿，并被大量应用于演讲或广告中，成绩斐然。我那时很消沉，就去这位老师的办公室玩。从那次和老师的聊天中，我找到了制作'My Dream'的灵感。喂，唐泽君，如果你很烦恼的话，和我一起去找濑木老师吧。顺便拜托人事部门开个'提问力讲座'怎么样？公司也会同意的。我不认为你一个人在这烦恼能想出什么好主意。去听听讲座，勇敢地把问题抛给老师。俗话说'流水不腐'，我们一起行动起来吧！"

在三田热情的鼓舞下，唐泽润也行动起来了。

唐泽润去找上司申请参加进修，上司马上就同意了："是啊，进修也是重新审视自己的好机会。"

于是，他在完成公司业务的同时，开始每天上 5 节课，一共上 5 天。

"上课固然很重要，最好把下课后的时间也腾出来。直接和老师聊一聊，这很有用。你会茅塞顿开，'啊，原来是这里有问题''这件事应该这样做'，而且你一定也能明白自己为什么会被女朋友甩了！"

　　在不断戳到自己痛处的三田小百合的带领下，唐泽润开始了"提问力"课程的学习。

　　那么，我们也与他们同行，一起听一听濑木老师的讲座吧。大家一起思考、努力提高自己的"提问力"吧！

主要登场人物

唐泽润

步入社会 4 年，文具厂商立木公司销售部职员。无论在工作中还是生活里都比较消极。在上司、客户"你工作要更认真一点"的批评声中日渐消沉。

三田小百合

唐泽润的同期同事。立木公司企划部的王牌职员。性格积极向上，无论在哪里都能带动起周围的气氛。有时比较强势，曾被别人说成是"凶巴巴的女人"。

查理·布雷尔

世界级高级品牌埃尔米特的董事长。同时作为一位艺术家也受到法国人的敬仰，在巴黎是偶像一般的存在。在日本也很有知名度。

濑木周作老师

在广告公司工作的同时，还在大学、企业传授"语言"相关课程。能给别人正确的指导与建议，所以很多有烦恼的学生都来求助他："老师，跟我聊聊吧！"

DAY 1

提高"自我提问力"

为了能提出有效的问题，需要我们在平时生活中养成自问自答的习惯。在此，我想给那些"想不出来要问什么""总爱问些无聊的问题"的人介绍 5 种改变大脑中"提问体质"的基础练习法。

讲座 1 你还不了解"提问力"的真正效果

大家早上好，我是讲师濑木周作。

相信有不少人都觉得比起"提问力"，在众人面前侃侃而谈的"演讲力"和能听懂别人意思的"倾听力"更为有用。我要先申明一点，这种想法是不对的。

的确，"演讲力"和"倾听力"也是很有必要掌握的能力。但是这些都是一个人说或一个人听的个人能力。相比之下，"提问力"培养的是"提问方"与"回答方"不断进行交替对话的能力。"对话"在职场中尤为重要，"提问"可以帮我们在"对话"中有效地推进自己的工作。

提高"提问力"有何益处呢？

首先，我们能具备当场立即提问的勇气。提高"提问力"后，不会再担心"这么说会不会被人笑话"或是"会不会被人瞧不起"，而是能够准确地提问，从而更轻易地获取新的信息或素材。一个人自言自语思考不出什么精彩的素材，但只要具备向他人提问的能力，就能制作出内容更充实的企划案。

其次，"提问"能够帮我们把握谈话的主导权。被"提问"的一方通常站在回答你的问题的立场上。当谈话跑题或向着不利的方向进展时，那么再抛出一个"提问"，就有可能打开新的突破口。

像学生时期那样仅仅问一些自己不懂的事并不是"提问"。通过"提问"，我们能确保自己一直站在优势位置上；而通过让对方回答问题，我们还能获得对自己有用的信息。

只要我们具备了"提问力"，自然就能拥有倾听的能力和演讲的能力。不断地向别人"提问"，既能降低在较量中负于他人的风险，又能提高自己的胆量。

各位年轻的朋友们，在职场中用处最大的能力就是"提问力"，请抱着坚信这一点的态度来参加接下来的讲座。有人要提问吗？

教室对面就是濑木周作老师的办公室。三田小百合一遇到问题就来找濑木老师商量。

这是唐泽润初次来访，他看到老师的办公室里四周都是书籍，正中间有一张圆桌，3个人围坐在桌旁开始谈话。

"您好，我是唐泽润，是一名销售。"

"啊，我听三田说过你的事。她说刚进公司的时候，在同期同事中你是个志气满满的人，最近却有些消沉。"

"三田，你能不能说得委婉一点。"

"没关系啦，对濑木老师实话实说我们就能直接进入主题了。老师，谢谢您。说实话，我对'提问力'是否真的如此重要还抱有怀疑的态度。说到'提问'，我的认识还停留在课堂或会议中问清楚自己不懂的问题上。"

"我也是，我一直觉得演讲能力和倾听能力比'提问力'更重要。而且有时候会害怕自己提问后会被对方的回答牵着走，无法坚持自己的看法。"

"嗯，我明白，一般的职场进修中比较重视的是'企划能力''提案发表能力''交涉能力'和'倾听能力'。

最近'闲谈能力'也很有人气。不过，职场的根本在于与他人一起成就某个项目。当工作开始后，你不可能总当项目说明者，也不能只当个聆听者。在推进工作的过程中，向对方提出问题，引导对方吐露心声或说出你需要的信息，这样你就能处于优势地位。因此，能引导对方发言的'提问力'就显得尤为重要了。"

"我在与客户洽谈的时候，聊着聊着有时就会觉得彼此的意见有些偏差，然后制定出企划案就发现内容果然与对方要求的不一样。上司责问我说：'洽谈过程中你有没有向对方提问，确认过你们的想法一致与否？'那时我才懂得原来这就是职场上的'提问'。"

"三田的这个经验很好，上司的提点也很准确。没错，三田经历的'提问'并不是问自己不明白、不知道的事，而是为了在具体问题上征得对方同意。通过询问'到目前为止您有什么问题吗'来获得对方的认可。这是一种十分重要的'提问力'呀。"

"我刚进公司的时候见什么都觉得稀奇，问过前辈和客户很多不懂的问题。但是到了第四年，好歹都熟悉了，就不会随便'提问'了。与其说不问，不如说没什么可问的，所以话说得越来越少了。"

"唐泽润，你这种情况对于进公司第四年的人来说很常见。在我教课的大学里，一些大四毕业生对我说：'大学的东西都了解得差不多了，我觉得有些无聊，想把精力转移到其他事情上。'每当这时，我也会给他们讲一讲'提问力'，努力思考、发现能'提问'的问题。只要行动起来，就能让这个世界看起来更有新鲜感。相关问题我会在今后的讲座中再详细介绍。"

"过了第四年，向我发火的顽固大叔反而越来越多了。有些人在听我讲提案之前就开始不容分说地否定：'这不行！'我问他'哪里有问题'，他又嫌我烦。在团队里有的人问他同样的问题：'请告诉我您觉得哪里不对？'顽固大叔却能微笑地告诉他。我就在想我的'提问'到底哪里不对呢？"

"是的，可能三田的话并不是'提问'。在对方听起来就像是在说：'你是想打乱我的企划吗？'之后的讲座中我打算也讲一讲'提问的方法'，敬请期待。"

"可是，我还是对'提问'有些消极的印象。'让你们看看！这就是唐泽润的提案！'我希望能像这样把自己的意见坚持到最后，加入别人的意见会让我觉得不甘心。"

"嗯，或许这会成为你们两个人能否成为下一阶段的专业人士的分水岭。总之，把讲座听到最后，看看你的这种心态会不会发生改变吧。"

"我也很期待自己的变化。我会努力提问，让自己觉得虽然讲座的时间比较早，也会积压一些工作，但能来上课真是太好了。"

< POINT >

"提问力"远比"企划能力""演讲能力"和"交涉能力"重要得多！

首先将自问自答转变为"提问型大脑"

那么，今天的第二堂课我们来讲讲在大脑里迅速浮现准确"提问"的诀窍。我会告诉大家一些变为"提问型大脑"的方法。

我们的大脑非常懒惰，平时总是容易陷入一些感觉中，并简单地描述出来，比如"好累啊""好困啊""别人的眼神好可怕"。

这样懒惰的大脑是无法想出提问内容的。所以需要我们稍加练习，使大脑进入能够提问的状态。

例如，当你觉得"好累啊"，试着问自己："我现在为什么很累呢？"

于是，大脑运转，开始检索"疲惫的原因"。应该能得出各种答案，比如"因为昨天工作到很晚""因为还没习惯上进修课""因为第一堂课有些难""只是单纯身体不舒服"……

感觉就像是在搜索引擎中填写"搜索事项"。把"我今天疲惫的原因是什么"填进去以后，大脑会帮我们搜索出所有信息。这就是提问型大脑。

"为什么今天我选择穿这件衣服？""为什么可以自由选择座位，而我要坐在这里？""为什么我要参加这次讲座？"稍加思考就能浮现出很多这样的"提问"。请抓住一切机会，不断地练习自问自答。

我再强调一遍，我们的大脑非常懒惰。如果什么都不思考的话，就会按照潜在意识中过去的记忆惰性运转。并且，缓缓流淌出的都是"好累啊""真无聊"这种情绪。

那么，就让我们不停地往大脑的搜索引擎中输入"提问"吧，凡事都问个"为什么""怎么回事"。有人要提问吗？

"老师，听您这么一说，我发现自己最近确实不再自问自答了，比如'为什么午饭要吃这个'，如果问我昨天中午吃了什么，我都无法立刻想起来。"

"听三田说，你在刚进公司的时候可是同期数一数二优秀的销售员。3年过去了，相信你懂得了不少事。不会觉得紧张，不用特别费心思考也不会失败。于是，人就会变得不思进取。一切都是自己过去做过的事，只需简单地重复即可，大脑就开始变得偷懒，不去思考了。"

"嗯，您真是直戳痛处啊。不仅仅是工作，生活中也是这种感觉。怎么说呢，就好像看透了，感觉'我的人生也就这样了吧'。"

"这就是大脑懒惰的证据。不去思考，而是想用'节电模式'度过每一天。自然也就做不到向自己提问这么麻烦的事了。"

"老师，僧侣有'禅修问答'。思考一些比如'拍手的时候右手和左手哪只手发出声音'之类的没有答案的问题。我听讲座的时候，琢磨着'禅修问答'，为什么僧侣们会这样做呢？我觉得大概是想通过一直思考来让大脑不懈怠地运转吧。"

"三田的想法很有意思，非常好。刚刚你的'提问'本身就是自问自答了。问'为什么僧侣们会进行禅修问答'，答'为了不让大脑偷懒'。你这是认真动脑筋了。"

"也就是说，很容易解决的问题是无法一直给大脑施压的。因为一直思考不得不想的问题，大脑才能保持活力对吧。"

"唐泽润说得好。'禅修问答'自然有禅修的作用，不过的确是一种通过不断思考激发大脑活力的训练。人类是很神奇的生物，不会忘记辛苦背诵下来的东西，即使时间流逝也还会记得自己曾用何种方法尽全力解决了某个问题。如果不给大脑充分施压，人渐渐就变得无法思考了。"

"咱们提升的应该是'为了沟通交流的提问力'，说实话我之前不太明白为什么要自问自答。现在我懂得了如果平时不养成'提问'的习惯，是无法一下子就想起需要问什么的。"

"有了自问自答的能力后，演讲水平也会提升。美国前总统奥巴马在演讲中经常自问自答：'要问我知道那件事吗？''自然知道！''说我不同意？''当然！'自己说出国民的疑问，然后自己回答，这就是自问自答的表达方式。这样听众就会觉得'啊，他理解我的意思，并且确切回复了我'。这就是用'提问力'提升了演讲水平的好例子。在自问自答中说出对方的疑问，让对方认为你是他们的伙伴，这就是奥巴马演讲的技巧。"

"好厉害！在演讲中用上自问自答这个技巧，我终于明白为什么奥巴马的演讲能得到很多人的称赞了。"

"老师，为了避免大脑懒惰，您能不能传授一些适用于日常的自问自答的方法？"

"嗯，这就有些琐碎了，洗澡泡澡的时候，或者晚上睡觉前，我会回想这一天当中发生的事。比如，'为什么午饭我会吃咖喱呢？''啊，因为我和喜欢吃咖喱的立谷一起吃的午饭。'没必要想得很复杂，想一些小事反而能把这个习惯坚持得长久一些。时常向自己'提问'能显著促进大脑的运转。"

"这样一来，我们就能在听别人说话时，一下子想出问题对吧。"

"没错，唐泽润。'今天她为什么穿浅蓝色的连衣裙呢？'——通过这样的提问，能够了解她的心情。因为你没做到这点，所以女朋友才会说你不懂女人心。"

"哎呀，在这里说这些干吗，况且说我不懂女人心的只有你吧。"

"哈哈，唐泽润，实话说三田说得没错。没有'提问力'的人是没有桃花运的。好了，到时间了，咱们回教室吧。"

<< POINT >

平时不养成提问的习惯，到需要提问的时候就想不出"问题"。

讲座 3 　记好"提问笔记"

下面，开始第三节课，我们继续前面的话题。

刚才我们提到了大脑是懒惰的，用"这是什么""为什么"之类的"提问"来加压就能转变为"提问型大脑"。

对此我们有一种更为彻底的方法，就是做一本"提问笔记"。懒惰者的大脑很容易疲劳或者出现杂念。改善的方法只有一个——加入"书写"这种动作，使自己不会被杂念左右。也就是说，要把自己大脑中浮现出的"提问"写出来。

这讲座是文具厂商"立木"的进修课程，所以大家可以准备一个自己公司制造的"My Dream"系列的小本子。

以"？"作为文字的开端，这样看到后就能马上明白这是一个"提问"。

假设你在电车上，看到一位在炎热的天气里依然紧紧地系着领带的上班族，那么可以写下"？在这么炎热的天气里为什么还要系领带呢"。不仅仅要用大脑思考，还要认真地写下来。别忘了大脑是很懒的家伙，然后我们就可以思考答案了。请尽情地发挥想象：比如"要参加大型的宣讲会""要去给客户道歉""今晚要求婚"。

不仅仅是在电车里，就像现在这样听讲座的时候也可以在笔记上写下"？"和自己的疑问。看书的时候，我们不仅仅要在重点部分画线标注，还应该写下问题。以报刊记者参加记者招待会的状态听讲座吧。在听课的时候，把自己"没听懂的""不太明白"的地方留到后面"提问"。与心不在焉地抄写老师的板书和幻灯内容相比，听课的注意力集中程度会完全不同。

我们应该抓住一切机会记好"提问笔记"，持续记录是转变成"提问型大脑"的最佳捷径。有人要提问吗？

"给你，这个就是最新'My Dream'笔记本的口袋装版本。"

"喔噢，谢谢，三田一直都很周到。那我赶紧用起来！"

"哈哈，三田，我也要感谢你。'提问笔记'的概念不是我想出来的，而是刚进广告公司的时候前辈告诉我的。那时客户给我们展示、介绍广告商品，前辈在小小的笔记本上写了很多个'？'，然后在后面写出问题。前辈还对我说：'准备好确切的问题，就能得到确切的回答。濑木你记住，我们广告人就是要刨根问底。'于是，我也赶紧买了小本子，开始模仿起来。"

"不过，也没有必要特意准备一个笔记本吧，在会议资料的旁边记一记不也算是写下来了吗？"

"那不一样。'提问笔记'不仅仅用在会议中，对电车中发生的事或看书时有了一些疑问都可以按照时间顺序记下来。每天睡觉前就能重新审视一遍今天一天又提出并回答了哪些问题。这样一来，就能了解自己提问的水平。比如发现'这种事自己也能查得到'或是'这个不是提问，只是自己的主张而已'等等。"

"老师，刚刚听讲座的时候我试着写了一下。我从学生时代起就很有自信能把老师讲的重点内容记录下来。说起来，在笔记本上记录自己的'疑问或者提问'，听课状态好像发生了一些变化，感觉由被动变为主动了，或者说是听课更积极了。"

"三田，这就是问题所在，由被动转为主动的态度正是转变成'提问型大脑'的关键。上节课的'自问自答'和这次的'提问笔记'都是这样，被动的态度是提不出问题的，当'我想知道''我想了解'的欲望变得强烈后，我们才能具备'要提什么样问题'的能力。"

"嗯，原来如此。或许是我看问题太消极了，我也想写下一些问题，但记下老师的话已经尽全力了，根本没有精力再往本子上写下自己的'提问'了。"

"习惯了就好，现在我在听别人讲话的时候，只记下'我的疑惑和想提问的重点部分'，我会留心提炼出 10 个左右的重点，这样就能透彻地理解别人的话了。"

"10 个！好厉害，我可做不到。"

"唐泽润，你不要这么快就放弃。试着把自己想到的'提问'都写下来吧，什么都可以。比如'今天老师的头发为什么乱糟糟的呢''三田今天为什么穿裤装'，这些问题都是可以的。关键是培养一种对各种事都抱有疑问、想要提问的态度。

"如果写下'10点15分。为什么一到这个时间困意就会袭来呢'，那么我们就能比较出在明天的相同时间自己处于何种状态。再比如中午去吃拉面，一边吃可以一边思考问题——'为什么这家店的葱要这么切呢''拉面汤底虽然是透明的但味道却很浓厚，这是为什么呢'。如果能在离开前对店主说一句'很好吃，汤汁是透明的但却很浓厚，很不可思议'，相信没有店主听到后会觉得不高兴。这种提问对沟通交流十分有用。"

"咳，原来这种程度的'提问'就可以了，那我应该能做到。'为什么这间办公室的观叶植物比较多呢''为什么三田小百合每天上班都会背不同的包'。"

"我每天晚上都会把包全部打开，整理自己不需要的东西，否则会睡不着觉。每天换包是因为我很在意'开启和昨天不一样的崭新一天'的仪式感。"

"看吧，唐泽润的'提问'已经引导三田回答关于自己性格的问题了，看来三田是个喜欢整洁的人。"

"啊，我好像明白些了。试着回想了一下，我甚至连前女友背什么样的包都想不起来。这应该就是'提问力为零'吧。"

"即便是些小事也没关系，有时能通过发现小细节并以此提问，引出对方精彩的回答。因此，我们需要打造'提问型大脑'。你们俩接受得很快，我很期待看到你们的变化。第四节课也以这种状态学习吧。"

⊢< POINT >─────────────────────

把疑问点和想提问的内容记下来就好。

讲座 4　　**不要提出没有解决办法的问题**

　　前面的讲座中我们谈到了打造"提问型大脑"的问题，也就是要经常不断地"自问自答"，如问一问"为什么""怎么回事"。我们还讲了"提问"简单一些没关系，但有必要把"提问"写下来。

　　接下来，关于"自问自答"我希望大家注意一点。

　　比方说，你在外出时稀里糊涂地弄丢了钱包。马上你对自己的"提问"将接踵而至。

　　"为什么会忘记呢？"——如果提问"为什么"，回答大概会是"因为今天多睡了一会儿，然后匆匆忙忙就出来了""因为早上妈妈来了个电话，打乱了我的节奏""大概是因为最近有些疲惫，这样可不行啊"，你们觉得这些回答如何？这些回答的确与"提问"相符，却没有结合解决方法。

询问"为什么（Why）"的提问是为了探究原因。虽然有些时候也有必要问一下，但当结果是"忘记带钱包"的情况时，这个问题是没有意义的。

"提问"的关键在于提问后我们能从答案中获得解决方法或对未来的展望。请试着把"为什么会忘带钱包"改为"怎么办才好"，即从"**为什么（Why）**"改为"**怎么做（How）**"。如此一来，答案就成了"跟朋友借一下""花交通卡等手头卡片的余额""回家"等解决办法。

若总提一些探求原因的问题，只能得到"因为我是傻瓜"之类的消极回答。这世上有不少人都是因为过分逼问自己而丧失了自信。我们应该少问一些探究消极原因的"为什么"，而要通过不断积累能够找出积极解决办法的提问，如"怎么办（How）"，来提升自己的"提问力"。有人要提问吗？

"老师，我觉得刚刚您说得特别有道理。我总是用消极的态度思考自己为什么会失败。开会的时候也会反省'为什么卖不出去呢'，然后就只能挑毛病，比如'因为销售水平太差''因为目标定得太高了'，经常会开一些无法提供解决办法的会议。原来这是因为我们只问了'为什么（Why）'这个问题。"

"三田，'为什么（Why）'这个问题并非绝对不能提。我认为在探究失败原因的时候这是一种非常有效的思考方式。但是，一味地纠结'为什么'是得不出解决办法的，并且会让人陷入消极、悲观的思考之中。和朋友吵架后，是应该思考'为什么会吵架'，还是'怎样修复关系'呢，如果是后者，我们的脑海中就能浮现出一些修复感情的方法。'提问力'拥有探寻原因并分析问题的力量，同时还拥有自己寻找方法、努力解决问题的力量。我希望你们能运用好这两种力量。"

"之前，我给银座的文具店太田屋下单订购我们公司的'Dream Point'系列笔，就把笔芯颜色搞错了。明明脑袋里想的是黑色笔，结果下单时发现人家订的是蓝色。当时，我就是一直在想'自己为什么会弄错了呢'，因为'黑色的笔'比较畅销，所以自己就想当然地断定追加的订单也是黑色。但是，事后我想到的都是如何逃避责任，找到的都是像'账单出了点问题''送货的时候搞错了'等借口。那时的'怎么办（How）'是使用方法的错误吧？其实本来自己应该结合有效的解决办法来思考'怎么办'这个问题，比如'怎样能把蓝色的笔换成黑色''怎样能修复客户的信任关系'，等等。"

"这是一个很好的经验。并且怎样活用'怎么办（How）'来解决问题——通过从经验中学习我们能得到答案。失败多少次都没关系，只要能从中有所收获，就能不断成长。"

"可是老师，'自问自答'时可以思考'怎么办（How）'，但若是在与他人交谈中说句'应该怎么办才好呢'，我感觉有些没礼貌。就好像要当'甩手掌柜'一样。"

"三田，只说一句'应该怎么办才好'的确就是一种推卸，很不负责任。为了不让对方产生这样的感觉，我们自己应该至少提出一种解决方案。"

"是不是要表达一下'这是我的观点，已经想不出更好的方案了，应该怎么办才好呢'这种态度。"

"没错，如此一来听过三田的想法后对方就会开始思考了，'嗯，那个主意也不错，但我觉得还有其他方法吧'，于是谈话就能继续进行下去。"

"如果自问'怎么办（How）'，就一定要自答'这样做如何'。"

"唐泽润说得很好。当与他人交谈的时候，我们自己对'这样做如何'的回答越丰富，对方给我们的回应就越多。谈话就能够顺利地进行下去。"

"原来如此，老师，我明白了！其实，所谓的'提问力'，并不仅仅体现在提问上，还需要我们对问题有自己的答案。"

"唐泽润，你很敏锐啊，说得没错。只要我们的大脑能运转到思考解决办法的程度，很快就能转变为'提问型大脑'了。"

"也就是说，我们要打造的其实不是'提问型大脑'而是'提问回答型大脑'。"

"回头在讲座上我要使用三田的这句'名言'。你们两个人的头脑都变灵活了，语言也更加精准了。"

"啊，我开始想去太田屋了，跟他们的关系依然很尴尬。但我会认真思考'怎么办（How）？这样如何'，试着重新面对。"

"嗯，很好。好像有点以前的唐泽润的样子了。加油！努力突破创新吧！"

< POINT >

用"为什么"来分析，用"怎么办"思考解决办法。

唤醒对喜欢的人、事、物的强烈好奇心

　　我想大家应该都已经明白，"提问力"对于提升商务能力有多么重要。那么，今天最后一堂课，我们对"提问力"再进行深入挖掘。

　　请试着思考一下。

　　假设你喜欢上一个人，无论是偶像歌手、演员，还是明星运动员，都可以。你会采取怎样的行动？

　　应该会调查那个人吧，生日、出生地、血型、喜欢的食物、兴趣爱好、成为运动员的原因、喜欢的语言、休息日的度过方式，相信大家也会有这种经验，要收集关于那个人的所有信息。

　　这样的状态用一句话概括就是"我想更多地了解你"。这是一种强烈的好奇心。

　　所谓"提问力"，核心就是"我想更多地了解你""我想更多地了解你的公司""我想更多地了解商品"。这是"提问"最根本的动力。

　　提升对自己的"提问力"，重点在于时常在心中保持"我想多一些了解、再多一些"的想法。无论是读书，还是与人交谈，都期盼自己能多了解一些。在大脑中反复地想"我要多了解你一些"，"提问"自然就会应运而生。没有好奇心就无法进行"提问"。

　　"希望多了解一些"的状态能够让你拥有"提问型大脑"。不要忘记追求喜欢的人、事、物时无比强烈的好奇心。今天的讲座到此结束，有人要提问吗？

"'想更多地了解你'，或许这就是我最近生活中最欠缺的东西。和女朋友交往了两年，刚开始的时候我非常非常想知道她喜欢吃什么、想去哪个国家、对将来做何打算。但是，关系稳定后，随着时间流逝，很多事情都变成了理所当然。有时候我认为自己在听她说话，但或许根本就没在听。"

"我也是，其实对我来说，'对方应该多了解我一些'的想法反而要比'想更多地了解对方'更加强烈。我希望别人能认可、懂得我的企划，还有制作出企划的我。我心里都是这种想法，说实话我对对方并没有什么好奇心。"

"了解自己的现状很重要。人们不是经常说：'只要坚持3天，就能坚持一个月；只要坚持3个月，就能坚持3年。'你们进公司已经都3年以上了，对各种事物都已经熟悉，就比较容易失去好奇心。同时，只知道一味地兜售自己，而不去聆听别人在说什么。每当'兴趣寡然'或'被自己的意见桎梏'的时候，就更需要我们再一次唤醒好奇心。"

"老师，但我心里总是想'我已经大致都明白了，其他的内容我并不想知道'，怎样做才能让自己'想更多地了解对方'呢？我觉得自己好像无法处于充满好奇心、什么都想知道的状态。"

"的确，若是自己没有干劲儿，即便用力攥住拳头高呼'我可以！加油！'也是一种自欺欺人的感觉。可是，唐泽润，这种'自欺欺人'反而更容易突破。"

"是这样吗？我可无法自欺欺人地让自己鼓起劲儿来工作。"

"最近脑科学研究有了新的进展，其中发现有些事情是可以靠训练解决的。比如，有的人比较乐观，有的人却很消极，这并不完全是与生俱来的性格，而与在每天生活中养成的大脑的思考习惯有关。因此，如果你觉得'我很乐观'，就会尽可能地做一些积极、快乐的事情，这样可以净化大脑，人也就越来越积极乐观。"

"我觉得自己一直在避开阴暗的事物。早上我绝对不会看那些很负面的新闻。"

"三田的行为是对的。只要我们多留心接触一些积极正面的东西，人就会变得越来越乐观。三田的确是个乐观向上的人。"

"老师，这么说好奇心也是一样的吧？带点强制性地让自己觉得'我想了解'，随着次数增加，慢慢就能激发出好奇心了吧？"

"是的，如果你心里想着'我想再多了解一些'，相应地就会唤醒对相关各种事物的好奇心。"

"嗯，真的是这样吗？女朋友很努力地告诉我的那些关于'父母的事''朋友的事''公司的事'，我一点儿都没听进去。我自己想的并不是'我想多了解你一些'，而是'拜托快点结束吧'。与客户相处的时候也是这样，有很多人净说一些与我的工作无关的话，说实话我并不想与他们交往。如果抱着'想了解更多'的态度的话，对方自然很乐意说个没完。我觉得自己忍耐不了这个。"

"这是你的真实想法，我完全理解。我也经常会被我太太责问'你有没有在认真听我说话'。没有兴趣是听不进去的。但是既然你想与对方继续保持良好关系，'请让我再多听一些你的事'就成了撒手锏。假设唐泽润对女朋友或者客户说：'哇，真有意思。我还想再了解一些，你再多讲讲吧。'对方听后很惊讶，并且还会反省自己漫无边际、没完没了的说话方式。就算没到反省的地步，对方心里也会想'这样说下去不太好'，于是就会说一些想让唐泽润了解的事。"

"不管怎样，近来我确实一直过着远离好奇心的生活。

我会改变一下，试着听一听我中学时曾经满怀好奇听过的乐队的歌曲。"

"我也是，比起'好奇心'，我觉得自己更多的是在用责任感和义务感工作。我要去找一找能唤起我的好奇心的东西。不仅仅是工作，还有人，我也要想一想自己想多了解谁。"

"你们都很用心，加油吧！"

> ─< POINT >─
>
> "想多了解一些"的态度会改变对话的质量。

三田小百合实践"提问力"

"喂，你看那边。"三田小百合拽了拽唐泽润的袖子。

那个方向有一对老年夫妇，穿戴讲究得就像从法国电影里走出来的似的，他们大概就是英国人或者法国人吧。在日本炎热的夏日，老先生依然穿着一件夹克，旁边站着有些丰满的老妇人。他们的手里拿着很多支笔。

"咦，那是'Dream Point'吧，他们拿了将近 20 支呢。"

"而且还都是蓝色的……"说完，三田小百合就行动起来。

她走到老夫妇的身边，彬彬有礼地打招呼。见到老夫妇向她微笑，小百合开始用自己擅长的法语交流。

老妇人微笑地听着，偶尔看看手里的笔对小百合说着什么。他们聊了 3 分钟左右，小百合回到了唐泽润的身边。

"唐泽润，我知道为什么他们买的都是蓝色的笔了。我试着问他们：'您喜欢这种笔吗''为什么要买蓝色的呢'。据说

'Dream Point'最近上了巴黎的杂志，你应该也知道'埃尔米特'这个牌子吧？一个世界级的奢侈品品牌，这个品牌的董事长作为一名艺术家，很受法国人推崇。据说那位董事长在采访中称，自己在设计围巾或思考问题的时候会使用'Dream Point'系列的笔，并且他用的就是蓝色的，他还说：'日本有一种非常漂亮的颜色叫靛蓝，这个笔的颜色就比较接近，可以扩展我的想象力。'"

"所以他们买了那么多笔？"

"对，他们说要带回巴黎送人。"

"这么说来，太田屋蓝色笔脱销并不是偶然的。我还觉得奇怪呢，一般都是黑色卖得比较多，只有在太田屋蓝色的比较好卖！"

"店里的人应该还不知道这件事，也不知道我们巴黎分店知不知道。唐泽润你去找市场部确认一下。"三田小百合下了指示。

在网上也查不到相关报道。打电话联系后发现，东京还没有接收到相关信息。

"唐泽润，这不正是个好机会吗？我们的蓝色墨水被称为'靛蓝'，在巴黎受到认可，这可是罕见的良机啊。"

"……好厉害啊，'提问力'……"

"诶？你在说什么？"

"我是在想，如果你没去向那对老夫妇提问的话，就不会有这种机会了。"

"是呀，都是跟濑木老师学到的东西。当时我确实非常好奇，开启了'要更多地了解你'的模式，一点也没觉得不好意思。"

"三田，或许我们在听的是一次非常了不起的讲座。我现在去找太田屋的负责人聊聊。"

"好的，我回公司联系巴黎那边看看。"

这便是唐泽润和三田小百合初次约会的全过程。

虽然连饭都没吃就回公司去了，但他们一定可以收获更大的满足感。

DAY 2

"聆听姿态"的训练

　　"提问"需要有对象才能完成。为了得到对方的优质回答，首先需要缓解对方的紧张情绪，营造一种想倾诉的氛围。在这一天的讲座中，我们将学习一些方法，如"用提问说出第一句话""以模仿聆听心声"来夯实"提问"的基础。

讲座6　用"提问"开启谈话

大家早上好，今天是讲座的第二天。冷风是不是开得有些大？没问题吗？好的，那么开始今天的讲座。

我刚刚以"提问"开始今天的讲座。

我问大家"冷风是不是开得有些大"，大家或摇头，或摆手告诉我"没问题"，也就是说你们回应了我的"提问"。

仅凭这一问一答，就形成了一种我在提问方，你们在回答方的模式。就像在决定主力部队和后勤部队一样，我占据了提问主导权的位置。并且，房间的温度是两个人之间的共同话题。无须深思熟虑，所以也起到了"开场白"的作用。进入对话也就容易了。

第二天的讲座主题是**"聆听姿态"**的训练。

第一节课在进入"聆听姿态"之前，我们先来介绍一些能够缓解对方的紧张情绪，使对方能够轻松应对"提问"的方法。

"对话要从自己的提问开启，让对方作答。"

"热不热""电车里是否很拥挤""困不困"等，这些问题能让对方产生一种你在和他共享这一场所的感觉。在任何工作场合中都可以试着以抛出这些"提问"为开端。

"10分为满分的话，你给今天早上的干劲儿打几分呢？"这种数值化的提问也很有效。住院的时候，护士经常会问："10分为满分，你现在的疼痛感有几分？"通过数值化我们就能较为准确地描述疼痛程度。首先，自己主动提问，提升对方的参与感。能否打开交流的局面就取决于这第一句话。积极地准备问题吧。有人要提问吗？

"老师，在您提到'聆听的姿态'后，我还以为会马上进入'倾听力'的话题，看来我错了。用共同的话题，取得提问的先机，然后让对方来回答。这很重要对吧。"

"是的，一般说到'倾听力'大家都只会想到'聆听姿态'，因为前提是对方愿意讲话。但说到'提问力'，则涉及对方有可能不愿意讲话，也许是因为对方紧张。因此，关键在于首先让对方回答自己的'提问'。"

"日本人总喜欢以季节的话题代替问候，这也是开场白的一种，能制造出易于聊天的氛围。"

"开场白，能缓和因紧张而凝固的空气。开场白有很多方式，如闲聊、游戏、自我展示等，但最为简单的就是寻找能与对方获得共鸣的事情，比如'中午电梯人很多吧''啊，这间会议室景色很不错吧'，等等。越是身边的事就越能在实际感受上产生共鸣。"

"老师，还有很重要的一点就是要自己开启话题吧。可是，到客户那里要是问一句'空调这个温度可以吗'，岂不是很没礼貌？"

"唐泽润，这么问肯定不行啊。提问的内容应该根据你是处于接待方还是被接待方的位置而改变。"

"那应该提些什么问题呢？"

"之前我去拜访客户的时候，看到前台的海报换了，就问客户：'海报换了吧，是秋天的新作品吗？'对方微笑着对我讲了很多。的确，凭那一个问题，那天我就收获了很多信息。"

"不愧是三田。很认真地在收集共同话题嘛。'提问'有很多功能，不仅仅是询问自己不知道、不懂得的事，还有这种扫清彼此之间的屏障，并拉近距离的作用。"

"说起来，我的上司只要乘坐出租汽车就会马上问司机'最近夜里的生意好吗'，去喝酒的时候也要问服务员一句'你推荐什么'。当时我还觉得很奇怪，现在看来这些问题都很有意义啊。"

"唐泽润的上司一定是个厉害的销售，通过'提问'来引导对方交流，仅凭这一点就一定能给对方留下印象。他与对方打成一片的速度肯定也非常快。"

"我一直觉得他很啰唆，现在才知道，看上去是浪费时间的举动其实是非常重要的沟通技巧。"

"老师，也就是说，关键在于首先自己要把握主导权，让对方说话对吧？"

"嗯，'问候'这个词，其实就是在用话语推动空气流动。只要我们用洪亮的声音打招呼，就能以干劲十足的状态来吸引对方注意。'提问'也有相似的力量，做个带头的人率先'提问'，就能把握住主导权。"

"原来如此，我渐渐明白了。用简单的问题率先提问，就相当于向对方宣言：'我占据了主动。'"

"说得好！还要注意交谈场合的选择。舒适的沙发很容易令人吐露真心话；当你只想获得自己需要的简洁回答时，可以选择站立或行走。"

"史蒂夫·乔布斯就是与别人一边散步一边商谈，大概就是因为他希望谈话能直击重点吧。"

"我们公司也是这样，站着开会的时候越来越多。感觉没用的对话的确会减少。"

"没错，我们要关注'提问'的环境，并且还要寻找一些共同话题'提问'。考量了环境，才具备了聆听的条件。"

"寻找话题也需要有'好奇心'才行，我有点开窍了。"

< POINT >

只要让对方开口，就破除了彼此之间的屏障。

讲座 7 　应当向知名主持人学习的事

第二节课我们来思考一下有关"聆听力"的问题，这是"提问力"的基础。

纵使"提问力"再强，如果不能完全准确地听懂对方的话，就无法提升提问的精准度。"听"是为了收集"提问"的材料。根据这份材料，我们才能问出正中靶心的问题。

首先，请试着想象你处在接受"提问"的一方。如果提问者对你的发言没有反应，会给你留下怎样的印象呢？既不会点头，也不会附和。或许提问者听得十分认真，但会给你留下非常不好的印象，觉得认真讲话的自己很傻。

在聆听的时候，我们应该发出"我在认真地听你讲话"的信号。配合着对方的话语点头回应，或以"是的""原来如此""我并不知道这件事"来附和。对方在这种节奏中会比较容易多说一些。

将自己的反应传达给对方，最为重要的是"眼神交流"。

①肚脐朝向对方的方向。

②下巴垂直向上抬。

③放松肩部。

肚脐朝向对方的方向是为了正面相对。令人意想不到的是抬下巴会让对方有一种被注视着的感觉，并且也能让自己看上去比较自信。肩部紧张会让人看上去仿佛开启了"战斗模式"，于是对方也会摆起架子。

还有一点，到了比较关键的时刻应该看着对方的鼻尖讲话。有时候直视眼睛讲话会让对方退缩。

聆听，意味着要向对方传达自己正在专心地听。怀着向对方学习的谦逊心态，对方自然就能感受到你的态度。有人要提问吗？

"濑木老师，我有问题。我在与别人'眼神交流'的时候，看的是对方的眉间位置，应该看鼻尖是吗？"

"三田，你的问题很好。在回答问题之前，我们来想一想人的眉毛。眉毛其实刻画了每个人的表情，是非常重要的。人们都说衡量一名优秀演员的标准就是要看'眉毛的变化'。你试着向上抬一抬眉毛，就能感觉眼睛睁大了。把眉毛稍微向下耷拉，看上去就会有些奇怪。若是一直盯着眉毛附近看，你觉得对方会怎么想？他会警觉起来，觉得'这家伙想要读出我的心理'。"

"眉毛真的有这么重要吗？那对您刚说的话我也可以通过眉毛来表达：用向上抬眉毛来表达'吓死我了'，让对方看看我的反应。这样来表示自己的聆听状态非常有用呢。"

"哈哈哈，唐泽润，眉毛动的幅度太大会变成搞笑漫画，你要注意啊。不过，的确像你说的一样，我们可以用'动眉毛'来展示自己聆听的状态。"

"老师，还有人说'应该看对方的领带结附近'。"

"是的，无论看哪里都不能一直盯着一个地方看。如果一直盯着领带看的话，会让别人误以为你在开小差。

就像我在讲座中提到的那样，抬下巴，一边听一边点头，在谈到比较关键的部分时看向对方的鼻尖，然后目光下移到领带结的位置，不能看向斜下方，因为那样看上去就像在否定对方。"

"也就是说，应该注意移动视线，不要让别人觉得你在盯着他看。"

"没错，应当根据谈话的内容或对方的性格来改变'眼神交流'的方式。不过，基本来说就是三点内容：①肚脐朝向对方的方向；②下巴向上抬；③放松肩部。"

"当开会或演讲等需要面对多个对象的时候，应该怎样做呢？"

"一样的，聆听的时候肚脐面对说话者的方向，稍抬下颚。在重要的场合中，看对方的鼻子两三秒后，将视线垂直向下即可。"

"知道了，我会找机会练习的！"

"老师，我听我的一位很擅长推销的女性前辈说起过，她经常佩戴能晃动起来的耳环。在她每次点头的时候耳环就会随之晃动，这样就能给对方留下她一直非常认真在听的印象。"

"人容易对晃动的东西有所反应。当耳环晃动时，就会吸引人不由自主地去看对方的脸。仪表也能传递信息。比如一个人的穿衣习惯是经常穿 T 恤，对方捕捉到的信息就会是'他觉得与我见面穿着随便也无所谓'。我们应该站在对方的角度思考问题。"

"老师，其实我并不喜欢聊天时说什么'哦''是吗'之类的随声附和的人。总觉得他们油腔滑调的，不够真诚。而且，反复地说'是的''没错''原来如此'不会让人感觉既老套又很假吗？还有没有其他方法能够回应对方的话呢？"

"这个问题很有你的风格，问得好。或许你会觉得很假，其实我有一个珍藏的方法可以传授给你。的确，附和时只说些'嗯''啊'的话，不会让人感觉你在认真聆听。若你尝试在沟通的时候录音就会发现，这种附和显得很不靠谱。那么，电视节目里的著名主持人是怎样附和的呢？实际上，他们附和并不会发出声音。因为若随口说一些'是的''原来如此'之类的话，后期会很难剪辑。"

"的确是这样，他们点头但是不出声！"

"相应地，他们会用面部表情和肢体语言来表达与谈话内容相符的感情，如惊讶、同情、悲伤、欣喜等。"

"这是在用自己的感情附和对方吧。"

"他们还会用'倒置法'来强调这种感情。例如，'请告诉我！那个故事''是谁？那个人''很惊讶吧，被告知这样的事'，等等。故意破坏语法，将提问前置。"

"……竟然能做到这个地步。我应该深刻地反省自己，因为我一直都只是很冷漠地听别人讲话。"

"因为广告人是语言的专家。我正在通过各种录音研究有效的日常会话是怎样的。"

"及常人之所不及！这就是专家！——这是倒置法。我经常会很自然地使用，今后要有意识地利用一下！啊，要赶紧走了！都已经这么晚了！"

< POINT >

提升好感度的附和是有诀窍的。

何为聆听的基本立场？

今天的第三节课，我们来想一想应当用怎样的立场来聆听别人讲话。

或许听你说话的对象与你的成长环境、工作和年龄都不一样。多数情况下，人生哲学、政治信仰和价值观也不一样。所以在交流中，对方会产生与你不同的想法。

你也会经常遇到想反驳对方的情况，比如"我认为不是这样的""这种想法太老套了""现在已经没人这么说了"。

但是，若对这些问题一一介怀，"提问"就变成了"反驳"。这会偏离引导对方说出真心话、思考更好的解决办法的本意。为了避免这种情况发生，请不要忘记"站在对方的立场上聆听"。

我们不能用球棒将对方的意见一一打回去，而是应该双手戴上接球手套将意见逐一接住。因为我们所在的场合并不是分正反方讨论的辩论赛。即使想法有差异，请你拿出海纳百川的气量。

放下自己的主张，**聆听时不要妄加评论**。我在年轻时也做不到这一点，这是聆听最大的阻碍。比如，与负责接触的政治家的政治理念相左、与企业领导的想法存在差异。

可是，如果就此一味地反驳或者拒绝，很可能会陷入无休止的争论之中。新的解决办法并不会由此产生。你应该先站在对方的立场上思考问题。这是"聆听"的基本立场。

就算是为了练习吧，你可以试着多接触一些与自己意见相左的报刊或网络上的报道。请为了了解对方而努力，而不是拒绝。有人要提问吗?

"这很难啊。我做不到放弃或隐藏自己的想法来听别人讲话。这会让我觉得：有必要为了工作做到如此地步吗？"

"我也有同感。就算沉默，也会表现在脸上。全部接纳对方的意见——这种圣贤才能做到的事实在有点难。"

"你们的反应很强烈啊，心情是可以理解的。不过，我有个问题想问问你们。我长期在广告公司工作，为很多企业的商品做过广告宣传。但也有些事困扰着我。比如，我特别喜欢'隼人'品牌的车，从学生时代起就决定只坐'隼人'的车。但'隼人'的竞争对手'鹿岛'成了我的客户。'隼人'是个人喜好，'鹿岛'是工作要求。那么，要是你们的话会怎样对待这份工作呢？"

"我还是会公私分明，接受'鹿岛'的工作。因为我觉得这样才够专业。不过，我对做好这份工作没什么信心。"

"我可能不会接受这份工作。至少我会对上司说明我偏爱'隼人'，如果要宣传'鹿岛'的汽车可以找别人。"

"是呀，这样比较诚实，我也是一直这样做的。但是，有一次一位前辈对我说：'你偏爱什么其实一点儿也不重要。现在，你应该感谢命运给你安排的商品和企业，然后去面对你的工作。'我听后感觉当头一棒。无论自己愿不愿意，工作已经来到了我的眼前。我觉得自己首先应该感谢这次际遇，然后努力工作。"

"感谢啊，这种想法我能理解，但我觉得自己还是会将不满的情绪表现在脸上，而且面对这份工作我无法唤起好奇心。"

"老师，我已经懂得了站在别人角度的重要性。但是，忍不住想要反驳对方的时候应该怎么办呢？有时候我希望对方也能站在我的角度思考一下！"

"哈哈哈，你们两个都很'刚'啊。嗯，努力坚持自己的意见是好事。好吧，那我就教你们一个利用'提问力'来反驳对方意见的方法——在反驳的时候，应该避免个人的意见发生冲突。比如，立木的唐泽润反驳太田屋部长的意见。两个人在商业中属于上下级关系。若以唐泽润个人名义进行反驳，对方就会想：'你是在和我作对吗？真是个狂妄的家伙！'所以，无论你的意见多么正确，对今后的商业往来没有任何好处。"

"……我曾经经常这样做。现在来看太幼稚了，今后我也不会跟别人抬杠了。"

"嗯，这种时候应该首先聆听对方的意见然后复述出来。比如，当对方说：'在秋季不应该安排和学生有关的销售活动。'你可以这样回应：'部长，您觉得和学生有关的销售活动不适合安排在秋季是吧？'"

"就像鹦鹉学舌一样呢，这种时候应该冷静一点说话对吧？"

"三田你说得对。接受对方的话，冷静地进行复述。然后慢慢地说一句'原来如此……'，接着等4秒。"

"为什么是4秒呢？"

"4秒是等待的最佳时长。3秒太短，5秒又太长。让对方看到你用4秒时间接受了对方的意见然后进行思考。"

"的确，沉默4秒后，对方也会产生担心，能够冷静下来。"

"然后再把身体朝向对方，抬起下巴，不要以个人的名义，而是要用很多人的名义来阐述自己的主张：'或许的确像您说的一样，不过也有很多人认为正式进入中高考备考阶段的秋季，才是适合向学生推出文具的季节。'"

"哪怕实际上是自己的意见，但只要让对方觉得这是多数人的意见，他就会重新考虑你的意见了。"

"没错，复述对方的意见，说一句'原来如此'，然后思考 4 秒。再将自己的意见说成是多数人的意见。"

"直接冲撞对方并不是什么上策，嗯，受教了。"

< POINT >

做一个熟练运用"4 秒"的人。

以模仿探心声

　　下面开始今天的第四节课。在你们的职场中是否有人会做出猜测："这个人和那个人好像在交往吧。"其实大家并没有亲眼见到什么，但是就是会隐隐有所感觉。

　　这是因为交往的两个人会在不知不觉间显露出同样的动作或表情。同时笑，以同样的姿态听别人讲话。在加深交往的过程中，两个人会越来越默契。

　　心理学中，把这种现象称为"节奏调整（pacing）"，很多人都知道这个词。

　　练习"聆听"需要活用"节奏调整"，努力与对方合拍。

　　首先是服装。在平时大家自然可以随意着装。但是，当需要用"提问"来引出对方意见的时候，应当尽可能地与对方保持一致。如果对方穿 T 恤，你穿着西装、打着领带就会很痛苦。饮品也选择与对方一样的，但无须刻意让对方知道。如果对方觉得你在模仿他，反而会疏远你。

请努力配合对方的情绪、语速。两个人之所以相处不融洽是因为状态不同。

当对方情绪低落时，若你依然流露出笑意，就会被人认为你不懂得体恤别人的情绪；如果对方语速比较缓慢，你却像连珠炮一样提问，就会让人觉得你的声音很刺耳，从而产生厌恶的情绪。

同一对象模仿多次之后，就熟悉了对方的身体状况，或喜怒哀乐的状态。甚至还能听出对方内心的声音，比如"今天想早点结束""不希望被问到这方面"，等等。不单单是从话语的内容，我们还能通过对方的肢体语言、微表情等来了解对方。

通过多年来与人实际沟通、交往，让我明白了一个道理："善于聆听，源于擅长模仿。"不擅长模仿的人过分执着于自我，不会听别人讲话。有人要提问吗？

"啊，这次的讲座谈到了我最棘手的地方。我有时脾气有些拧巴，不喜欢配合对方的步调。别人会以为我不够认真，总被人责怪'你在认真听我说话吗'，或者是'你只做别人吩咐过的事'。前女友一说话就说很久，节奏又很慢，所以听她说话我经常会不耐烦。我可做不到调整成那样的节奏。"

"你这是怒火中烧了啊，刚刚我听了听唐泽润的心声，听到了他的呼喊：'我不想配合别人！'你的性格的确有些拧巴。刚刚的一番话都建立在不耐烦的情绪之上。因此，语气慌乱、急促。"

"我也一样。上司话少，而且说话叽叽咕咕的，声音很小。他对我说：'总结一下刚刚的企划书。'我没听明白就随便做了一份，他就会说：'咦？就这么点儿内容？'听他这么说我就火冒三丈：'你这家伙不是只说了这么多吗！'"

"嗯，你们俩倒是很对脾气。刚刚三田的发言与唐泽润说话时的状态、呼吸节奏完全一致。完美演绎了'节奏调整'这个词。三田平时不怎么说'你这家伙'，为了配合唐泽润而把语气变得粗暴了。当气息完全合拍，两个人就能聊得投机。只要聊得投机，就能问出对方的心声。"

"啊，不好意思，不知不觉就和唐泽润的节奏一致了。不过，的确配合对方的节奏后，无论说话还是聆听都变得容易了。"

"是的，'聆听'不仅仅要用耳朵，还需要利用整个身体，如呼吸、脉搏、身体朝向、肢体语言等。倘若身体的状态相似，捕捉对方的内心动态就变得容易起来。这份工作长期做下来，甚至能准确地猜测出谁和谁性情相投。"

"老师，有些人说话不着边际，有些人不善言辞、用词非常简短，无论再怎么调整呼吸和身体朝向我也还是听不懂啊。"

"即便如此，也不得不听下去，这才是专业人士该做的。我的委托人中有政治家，健谈不说，语速还很快。可能因为他们总是很繁忙，说话不着边际，不知道想表达什么。我总要装出听懂了的样子，其实心里十分焦躁。每次我都在想'说完这部分之后应该就能听懂了吧'，但是到最后依然一点都听不懂。遇到这种时候，无论如何先'复述'对方讲的词汇。比如，对方说：'工作方式改革很重要！'你可以把蕴含对方感情的地方稍加强调进行复述：'工作方式改革真的很重要啊！'这样一来，在他的大脑中就会残留'重要'这个词，接下来，他就说出了在'工作方式改革'中尤为'重要'的关键：'积极推行带薪休假十分重要。'这是高段位技巧。不过，仅仅用'复述'也会很有效。"

"对于话少的人也有效吗？"

"是啊，假设话少的人说了一句'我不喜欢这个设计'，若你再追问原因，他可能就不说话了。你可以重复一遍：'您不喜欢啊。'然后沉默，耐心地等待对方说话。因为对不善言辞的人来说，这段沉默的时间也是对话的一部分，对思考接下来说什么很重要。尽可能不要打断他们思考。"

"原来如此，'照话学话'也和'随声附和'一样，能给别人一种'我在认真听你讲话'的印象。还可以展现出好奇心，表达'我想听你多说一些'的意思。"

"但是，我感觉'照话学话'也只能撒谎。有没有不撒谎就能与对方合拍的方法呢？"

"嗯，那我教你一个练习方法吧。在平时的对话中留心寻找和对方的'共同之处'。比如学校相同或是来自同一座城市，一句'我也是'，一下子就能带动气氛。你们的情绪就能达到相同的热度。这是'节奏调整'的基础。"

"原来如此，话说回来，老师您是哪里人？"

"我出生、长大都在东京。"

"我也是！啊，真的是这样，现在我产生合拍的感觉了！"

━< POINT >━━━━━━━━━━━━━━━━━━━━━━━━━━━━

　　会聆听的人擅长"节奏调整"。

　　整体对话的 70% 用来聆听

　　下面开始关于"聆听姿态"的最后一节课。最后，我们来讲一位"聆听大师"，他是我最尊敬的人。一般企业的领导者给人的印象都是雄辩家，能在众多听众面前高谈阔论。

　　但是他完全不一样。一个小时的会议中，有七成以上的时间他都在聆听。

　　他说话非常平静、缓慢。

　　在两三分钟开场白之后，他便开口发问："这件事濑木你怎么看？"他提问时一定会加上姓名。

　　这是一个突然触及核心的问题，如果不精通哲学、社会时事就回答不上来。我动用大脑里的所有知识做出回答。领导则静静地听我说话。

他时不时地会插上几句，如"我也这样想""这一点我们意见相仿"等表示赞同的话。最终，听了我对于"提问"的回答，他很开心地告诉我："啊，你的看法和我一样。你怎么知道我就是这样想的呢？"听他这么说，我松了口气。明明自己心里已经有了所有答案，但还是会通过"提问"让对方说出来，为自己的意见提供养分。

把一场谈话的 70% 用来聆听。不仅仅是"聆听"，还要通过精选出来的"问题"来将对方的能力发挥到极致。由此我学习到了沟通的终极方法。

当我们掌握了"聆听的姿态"，然后用精准的"问题"击中对方，就能在带动周围人的同时，最大限度地有效开展自己的工作。

你们也可以试着把七成时间用来聆听，这能够改变工作的质量。有人要提问吗？

"好棒啊，这位领导。除了濑木老师以外，其他人也都认真倾听随时准备回答问题吧。"

"真正的领导是不会叽里呱啦地大谈自己的观点的。一旦手握权力，别人就只会拣好听的说。因此，要努力倾听比普通人多数倍的内容。"

"提到大神，我就会想到像史蒂夫·乔布斯那样的演讲大神。在 YouTube 上也有年轻有为的社长口若悬河。总的来说，我觉得就是拥有号召力的人身居高位吧。"

"当然，那位领导也很擅长演讲。在几万名员工面前可以不疾不徐、浅显易懂地讲话。但是，我认为这种能力也是通过聆听别人讲话培养出来的。"

"可是，老师，我和前女友在一起的时候，给了 70% 以上的时间让她说话，但她还是埋怨我'有没有在认真听'，的确她说的大多数内容我都不感兴趣，没怎么听进去。老师，如果把七成的时间都交给对方，别人会不会觉得'这家伙只会沉默''真消极啊'？"

"没有兴趣是不行的。"

"我觉得这不是时间的问题。最大的问题在于唐泽润根本没有在听。对方希望唐泽润听自己说话，所以才会说很多。说句不好听的，唐泽润并没有'我想更了解你'的愿望。"

"三田，你怎么知道我是这么想的呢。从昨天开始我一边听这个讲座，一边隐隐感觉我可能在什么时候已经对她失去了兴趣。虽然我在交往中不自觉地配合她的步调，但还是被她发现了。我却没意识到这点，真是个傻子。"

"唐泽润，不是安慰你，意识到这个问题是好事。如果没有她的存在，或许你就听不进去这次的讲座。你应该感谢她。无论对方是谁，一开始我都会在心中大喊：'我喜欢你！'然后再听他讲话。我总感觉这样就能出现'爱之光芒'。"

"老师，'爱之光芒'这个词是不是有点老了？"

"没办法啦，老师是昭和时代出生的人啊。"

< POINT >

被称为"真正领袖"的人，"聆听"的姿势最为到位。

唐泽润奔走太田屋

结束讲座后，唐泽润连忙赶到了银座的文具店"太田屋"。

三田小百合让巴黎分店寄来了埃尔米特董事长的采访报道。上面的确刊载着董事长开心地拿着"Dream Point"笔的照片。

"这不是埃尔米特的董事长查理·布雷尔吗？他是一位喜欢日本文化的人，有时候会'微服私访'我们店。"太田屋的塚田部长看到照片后说。

"抱歉，连英文的报道我都收集了，但没查到法国的最新报道。这或许与'Dream Point'蓝色笔的销售额有关。"唐泽润坦诚地为自己获得情报不够及时而道歉。

"原来是这样，我还感到奇怪怎么蓝色笔一下子变得很畅销。不过，不愧是拥有艺术家气质的布雷尔先生，把这种蓝色称作是'靛蓝'。他如今依然是影响法国文化和设计的泰斗级人物。我能理解法国人把这笔当特产买回去的心情。抱歉啊唐泽润，麻烦你再提供一些更详细的信息，还有再追加一些蓝色笔。暑假来日本旅行的客人也比较多。"

唐泽润面向塚田部长，把自己的呼吸调整得稍快一些，感觉有些兴奋。

他拿出记事本，大大地写出"艺术家气质"几个字，在塚田部长说出"泰斗级人物"之后，他马上自言自语地重复道："是泰斗级人物啊。"

"部长，有件事我想问问您。您知道还有其他类似海外名人使用日本文具的案例反过来影响日本本土的例子吗？"

"嗯，有过，日本的文具在巴黎和伦敦受到认可，在那边出售的货品型号又会作为进口商品返销日本。稀缺的就是值钱，这些文具产自日本很好卖。若是设计与在日本销售的产品不同的话倒还可以理解。我们的客人都喜欢'日本制造'的品质搭配巴黎的设计。"

唐泽润重重地点头，正准备低头告辞的时候，塚田部长说："唐泽润，你有什么好事吗？怎么突然有了干劲儿。"

无法想象，前几天刚刚斥责过他的人竟然露出这样亲昵的笑容。

"我希望'Dream Point'还能有个新的爆点，加油吧！"

唐泽润听后着急地赶赴车站，竟不可思议地情绪高涨起来，仿佛回到了新人时期。

回到公司后他立即去找三田小百合汇报。三田小百合也把身体正面朝向唐泽润，听到关键之处频频点头。

这令唐泽润很高兴。

"唐泽润，要不要尝试一下返销这种形式？在巴黎制作然后返销日本。我可以做份企划书，还要问问巴黎那边。对了，还有件事想拜托你。我在企划部，与销售不同，能够直接听到店家讲什么的机会很少。能不能麻烦你安排我和太田屋的塚田部长见个面？我不会拖你后腿的。"

唐泽润一口答应下来，令人不可思议的是，几天前自己还害怕塚田部长发怒，都不希望看到他的脸，"加油！我最喜欢他了！"在给自己鼓劲儿之后再见到部长本人却一点都不害怕了，而且还获得了对方的称赞。

三田小百合的情报收集能力和行动力也刺激了唐泽润。说实话，他没想到"制作返销商品"这个点子。

唐泽润瞟了一眼手边新闻报道的复印件，"埃尔米特"的董事长查理·布雷尔先生正得意地拿着"Dream Point"。

这和蔼的笑容有点像塚田部长。

DAY 3

用 5 种 "提问类型" 引导出确切回答

　　只要掌握了这一日介绍的"提问类型"，就能从任何人口中引导出优质信息或确切答案。"主语是你""5W1H""垂直型挖掘""理想与现实""起承转合"——这 5 种类型将会成为你的最强大的武器。

讲座 11 **提问类型① 将主语变为"你"**

下面开始第三天的讲座。从今天开始，我会具体介绍一些能帮我们引导出确切答案的方法。

相信你们有不少人都认为："因为不会说话，所以没法随机应变地提问。"请放心，"提问力"有几种定式。只要牢记这些类型，大家都能从对方那里获得确切的回答。

随学随用的"提问类型"①——"将说话时的主语由'我'变为'你'"。

一直以来，大家都在以自己或自己公司的商品推广为中心展开对话。说的都是"我"是个怎样的人、"我公司的产品如何与众不同"，大家应该都经常在对话中谈到自我主张。

仅仅将"你现在因何事烦恼""你觉得如何""如果是你，你会从哪里开始"等以第二人称疑问句引导谈话，就会很容易打开对话的局面。

用这种方法能让一直沉默寡言的人积极地参与对话。

因为以"你"做主语提问，对方就成为讲话的主体。你也就不用烦恼自己要说些什么了。

还有一个高级技巧，可以先表明自己的想法和感受，然后再"提问"，比如"我感觉……你觉得呢"。

这样说就能让别人觉得你是个直率的人。在把主语变为第二人称后，我们在第一天练成的"提问型大脑"马上就能发挥威力。有人要提问吗？

"从小时候开始，我们学到的都是'要有自己的主张''坚持自己的个性'，根本不会想到'提问'都要以对方为主角，不提自己。"

"我也是，身为销售，一直以来我都在强势地表达自己的主张：'我的建议是……''我公司的 Dream Point ……'，在我的意识里这是一个优秀的销售应有的状态。但听您这么说，我发现一味地将自己的意识强加给别人，有一种强买强卖的感觉，也没什么风度。"

"现在市面上有很多教你提高说服力的书籍。也的确有不少人希望能用自己的语言说服别人。但是，对话与演讲不同，是需要与坐在对面的人一起进行的。"

"但是，实际操作的时候，我会担心对话是否能进行下去。比如，当 Dream Point 推出新产品的时候，如果不介绍：'新的 Dream Point 问世啦！这次新产品的特点是……'就没办法推销不是吗？"

"唐泽润，那可未必哦。你可以先问一下：'你对目前的 Dream Point 有什么不满意的地方？'然后对方可能就会回答'产品缺乏创新''太费墨水''年轻人不喜欢这样的设计'，等等。然后你可以从对方的话中获取信息和灵感来推销新产品，这样不是更有的放矢吗？"

"原来如此，这样就不会有强加于人的感觉了！而且，会产生一种新产品能满足对方要求的感觉。"

"三田，谢谢你，我想说的正是这个。在对话中聆听者较之说话者更有益处，因为可以获取新信息。为了获取信息，可以将主语变为'你'，让对方多说一些。"

"原来如此，但是，如果新产品既没什么突破，也没有改良墨水或是改变外观设计，比如仅仅是做了个廉价版，那么和对方的想法就会有差距，不是反而会令人失望吗？"

"不会的，这种情况下可以加上自己的实际感受，比如可以把提问变为：'我是这种笔的忠实用户，我觉得要是价格再便宜些就好了。如果推出一种比之前更便宜的笔，您觉得其他顾客的反响如何？'"

"三田，你别做企划来做销售如何？听你这么一说，我都更加期待'廉价版'了。"

"广告公司也想要三田这样的人。刚刚三田的做法叫作'悬念式广告',一开始不让对方了解商品的全貌,只给碎片式的信息,以提升对方的期待度。无论如何,三田的交谈对象都会对'Dream Point'系列的新产品更加期待。"

"我懂了,只需把主语设为'你',然后不断提问,对方就能讲更多话。同时,对方的思考时间和期待值都增加了。这与我个人一直说个不停有很大的区别。"

"这个方法大家都很容易做到。而且,可以说不擅长说话的人可以更好地利用这个方法,能把自己不说话的时间都用来认真聆听。而这离不开对方的信任。"

"小时候我学过一点合气道,和'提问力'有些相似。合气道并不是力量之间的抗衡,而是利用对方的力为自己助力。'合气'不正是'提问力'吗?"

"唐泽润,你说得很好。今后我可能会用上你刚刚的这番话。对话,的确是在场全体人员的'合气'构成的,自以为是是大忌。把第二人称当作主语,这是我希望你们这些年轻人一定要记住的技巧。我们的讲座已经到第3天了,我们3人的'合气'也和谐了许多。我很高兴。那么,下面我们开始第 2 节课。"

─< POINT >─

　　以第二人称提问，能令对方的期待值自然而然地提升。

讲座 12　提问类型② 将"5W1H"加入会话之中

　　第二节课也是给不善言辞、为"提问"苦恼的人提供一些技巧。

　　无论再怎么强调"把第二人称作为主语提问",也会有人想不出提问的内容。

　　我希望这些朋友能记住"5W1H"的活用。

　　"5W1H"即"何时(When)""何地(Where)""何人(Who)""何事(What)""原因(Why)""方法(How)"。在此基础上构建"问题"。

　　我们可以将"5W1H"习惯性地嵌入对话中。

　　比如,你的恋人或者伙伴对你说:"最近咱们都没一起出去过,我想去旅行。"

　　这时,如果你推托"我现在很忙",或是模棱两可地说"下次有时间我再带你去"，那对方一定会生气。

如果能从"5W1H"中选择合适的问题回应对方，比如"想什么时候去""想去哪儿""去的话准备做些什么""怎么去"，这种应对听上去就很积极、礼貌。

即便不深入思考"提问"的内容，只需熟练掌握"5W1H"，就能发挥一定程度的"提问力"。

在职场上也可以用"5W1H"提问，如"销售额从何时开始下降的""这个项目的主要负责人是谁""你在那种情况下会采取怎样的行动"，等等。

"5W1H"可以帮助我们每个人简单地提升"提问力"。请从现在开始运用吧。有人要提问吗?

"'5W1H'在写文章的时候很重要呢，特别是在新闻报道之类的严谨文章中是必须要写的。原来在对话中也能加以利用。"

"在我指导的大学生中有个不善言辞的孩子。无论是上课还是参加联欢会都不怎么说话。有一次，他来找我倾诉烦恼：听了别人说话也不知道应该说些什么；很怕问出奇怪的问题被别人嘲笑。

"于是，我教给他'5W1H'运用法。

"对别人的提问，可以从下面选出哪怕一个问题试着去提问。一开始他还是有些困难，但慢慢地在课堂上或日常对话中都能提出问题了。

"'那是从何时开始的？'（When）

"'那家店在哪里？'（Where）

"'谁是关键人物？'（Who）

"'你拿着什么东西？'（What）

"'为什么A方案比较好？'（Why）

"'怎样才能去那里？'（How）

"按照'5W1H'提问，对方对这些问题都比较熟悉，所以很容易回答。在一问一答之间就提升了对话能力。希望不擅长与人交流的人都能试一试。"

"听了您的讲座，我很心痛。我对前女友就完全没做到'5W1H'。她说想去旅行，我就只会回答'等有时间就去'。说起来，在我的对话中完全忽略了用'5W1H'向对方提问的方法。"

"唐泽润你这种情况不是不擅长与人交流，而是对对方没什么兴趣。在工作中也会有这种情况。所以，我希望濑木老师的讲座能刺激刺激你，刚才你说得十分正确。"

"哈哈，的确是这样，才上了3天讲座，你进步很快，多亏了三田把你带过来。

"我每次去关西出差的时候都觉得'大阪的阿姨们'把'5W1H'利用得很到位。之前我和关西的几位女士一起吃饭，其中一个人穿的鞋子价格便宜看着还很舒服，于是其余3个人便兴致勃勃地发问：'什么时候买的？''在哪里买的？''谁给你买的？''还能买得到吗？'然后她们大呼：'真好啊，我也要买！'感觉自己亲眼见识到了关西人的交际能力。"

"要是在东京的话，可能说一句'哎呀，这双鞋子不错'就结束了。关西姐姐们的'好奇心'真厉害啊！"

"表面上看只是在聊天，却时刻在运用'提问力'，有很多值得学习的地方。"

"老师，'5W1H'有提问的顺序吗？是不是全都要用上呢？"

"这个不用那么程式化。对话和写文章不同，需要因时制宜。使用自己觉得最合适的就好，哪怕使用相同的要素也没关系。

"'这双鞋哪里买的？'

"'在银座买的。'

"'银座的哪家店？'

"通过这样重复同一要素可以帮助我们获取更为确切的信息。

"而且也会让对方觉得你特别感兴趣。这样运用就很好。"

"在打听初次见面的人的基本信息时也可以用'5W1H'呀。可以问出很多问题，比如'你什么时候开始做现在这份工作的（When）''工作地点在哪里（Where）''你崇拜怎样的人（Who）''现在你热衷于什么事（What）''为什么选择这份工作（Why）''今后怎样联系你比较方便（How）'。"

"嗯，话虽如此，但是有一个问题。我在下一次的讲座中会提到，一次性不断抛出各种'提问'并非良策。

"不过，如三田所言，'5W1H'的确能帮我们思考出各种'提问'。就当作是'提问型大脑'的训练，希望你们多思考出各种问题的变型。"

"期待下次的讲座！等工作结束我还会过来的！"

< POINT >

针对不擅长与人交流的人的有效方法。

讲座 13　提问类型③ 用"垂直型挖掘"直击核心

　　我们继续今天的讲座，接着给大家传授提升"提问力"的方法。这节课将介绍一个提升"5W1H 活用法"准确度的技巧——**"垂直型挖掘提问法"**。

　　当你对初次见面的人"提问"时，如果不断地问对方"你做什么工作""住在哪里""兴趣爱好是什么"，这会让对方产生什么感受呢？

　　对方会认为你问的问题毫无条理，想到什么就问什么，就好像是在说"好的我知道了，下一个问题"般任性，丝毫不顾别人的感受。对方自然不会敞开心扉。

　　"垂直型挖掘提问法"，顾名思义，就是对同一个主题进行垂直、深入的挖掘。这也需要运用"5W1H"。

例如，初次见面的人提到了"我最近搬家了"这个话题，那么我们就要在这个话题的基础上垂直、深入地挖掘，如"什么时候搬家的（When）""搬到哪里去了（Where）""为什么搬家（Why）"。

一次挖掘大致可以问 3 个问题。依据我的经验来讲，如果再继续问下去就会给对方留下喋喋不休的印象。请观察对方的状态再判断要不要继续问下去。

一旦你叽里呱啦地持续发问，就会令对方产生一种压迫感，感觉你像是在说："抓紧回答我的问题！"这不叫"提问"，而是"审问"。

要想令对方敞开心扉，在决定一个主题并认真思考后进行 3 次左右的深入挖掘式提问。通过"垂直型挖掘"，一再深入地挖掘一个问题——请按照这样的方式来构建自己的问题。有人要提问吗？

"老师，我刚才深深地反省了一下。一旦产生兴趣，我就想问各种问题。总觉得自己要不多问问就浪费了机会，通常都是想到哪里就问到哪里了。"

"我也是，是否刨根问底取决于我的理解程度和兴趣。

"很多时候可能对方还想再稍微详细地说明一下，我却很不耐烦地说：'这个问题我已经知道了，我来问下一个吧。'对方肯定对我的印象特别差吧。"

"你回忆一下第一天的讲座。我当时说过'提问'中往往蕴藏着'好奇心'，'想更多地了解你'的强烈意愿会转变为'提问力'。

"如果这种意愿是真实的，那么当你听到一个答案后，就应该会想要更加详细地询问。

"若跟对方说'这个问题我知道，我来问下一个'，则证明你只对自己，而不是对对方感兴趣。"

"话说最近唐泽润问我'你在巴黎待了多久''住在巴黎的哪里''为什么选择巴黎呢，是父母在那边工作吗'，我都能很自然地回答。

"或许是因为通过这些问题我能集中思考在巴黎的事，很不可思议的是我竟然都回想起来了，这应该就是'垂直型挖掘'吧。"

　　"如果我问的是'你在巴黎待了多久''和现在的上司相处是否融洽''你喜欢意大利料理还是日餐'，那就该变成'审问'了吧。"

　　"虽然到不了'审问'的地步，但是感觉也不怎么好。听起来的确让人感觉你以自我为中心，或者说是高高在上。"

　　"你们彼此都应该牢记这种感觉。有些人说话看似想到什么说什么，哪怕是普通的聊天也会让人觉得'这个人的话很好懂''脑袋很聪明'，这种人说话是有策略的。

　　"他们往往会不着痕迹地运用'垂直型挖掘'，让人产生一种'对你非常有兴趣'的印象。你们认真地听一听常年活跃在电视综艺节目里的主持人的对话，会发现他们回答问题看似漫无边际，但其实对一个主题的挖掘又快又深入。"

　　"那我来问濑木老师几个问题吧。

"濑木老师是从何时开始成为立木的员工培训讲师的呢？"

"已经做了将近 8 年了吧。我和立木的社长有 20 多年的交情了。当他还是宣传部部长的时候，我们广告公司为立木做了个钢笔的广告，那时写广告文案的就是我。那款钢笔卖得不错。我和他就是在那时认识的。"

"您做的是宣传方面的工作，为什么社长会拜托您负责员工进修培训呢？"

"我为社长写过一些致辞、演讲稿，还有记者招待会的讲稿之类的。有一次我采访社长时，他说：'濑木的提问很容易回答，我想让员工们也学学你的沟通技巧。'"

"那现在社长对您有什么期望呢？"

"社长说：'年轻人固然要学习，能不能也帮忙指导一下领导层。'他是在担心公司高层的沟通技巧吧。"

"唐泽润，问得好！你是在以'社长和濑木先生的关系'为主题运用'垂直型挖掘法'提问！"

"我也觉得很好。一开始问的是'担任培训讲师的原因'，但当我提到'社长'的时候，你就开始深入挖掘

'社长和我'这个主题。仅仅 3 次'垂直挖掘式'提问，就了解了我为何会在这里教课。我说得也很尽兴，并没有被'审问'的感觉。"

"谢谢。实际尝试了就会发现，我需要动脑筋从'回答'中思考接下来的问题，因此会全神贯注地听老师的回答。

"如果我的提问变成'老师喜欢吃什么''为什么盛夏季节也要系领带''休息日做些什么'，那就不会有前面的回答了。"

"哈哈，这些问题等到下次一起去喝酒的时候再回答吧。"

⟨ POINT ⟩

只需挖掘 3 次，就能看出对方的为人。

讲座 14

提问类型④ 用提问描绘"现实"与"理想"的差距

下面开始今天的第四节课。在这节课中我们来讲一讲引导出更深刻回答的方法。"提问"相当于给对方一种提示，引导对方思考一般情况下想不到的事。"提问者"应当把对方带入深层次回答的情境中。

究其方法就是"理想与现实提问法"。

我是大学时代在补习学校做兼职时记住了这个方法的。在那所补习学校学习了考生升学面试的方法。首先，给考生看几个月以来自己成绩的变化，让他对自己的成绩有个整体客观的认识。然后询问他的目标学校。但通常现实与目标学校之间有着相当大的差距。

要与考生一起思考应当怎样缩短这种差距："英语是弱

项，可能是词汇量不够""你的数学是短板，有些地方基础不够扎实"。

①认识现实。

②表达理想。

③思考缩短差距的方法。

把这种方法运用在"提问"上吧。比如：

【现实】某化妆品公司的商品在亚洲发售。

【理想】发展网络销售、开拓海外分店，一鼓作气实现全球化。

通过分析理想与现实之间的差距就会发现问题出在"外语人才严重不足"。在询问现实、询问理想之后，可以问对方如何缩短这之间的差距，对方一定会拼命思考。因为在理想与现实的差距之中存在着公司需要解决的问题。

让对方看到"理想"与"现实"二者之间的落差，就能够引导出深刻的回答。有人要提问吗？

"考生这件事触动了我。当时的升学面试的确是这样的。

"当时老师将理想大学的偏差值和眼下的现实情况罗列出来，然后问我：'你打算怎样用 3 个月的时间缩短这种差距？'那时我真的很努力地去思考。自己得出的答案就是要提高英语语法成绩。"

"我策划'My Dream'时，希望将其打造成女高中生的必备用品，但当时看起来只是个大叔用的老式笔记本。

"为了缩短这种差距，我去找女高中生'提问'。于是就得到了一些反馈，比如'本子的角做成圆的才好看''本子中的横线用手机拍出来颜色太重了，不好看'，等等。

"现在想来，那也是在缩短理想和现实之间的差距。"

"是的，'理想与现实提问法'绝不是什么罕见的方法，而是缩短理想和现实的差距、成就某件事时的基本方法。但是，人们一般意识不到这点，或者说是不想去面对。

"忽略现实、畅谈理想往往令人心情舒畅；要么就是在现实中'温水煮青蛙'，发发牢骚、抱怨两句会比较轻松。

"但是这样绝对得不到令人满意的答案，不思考是没有答案的。"

"具体来说，首先应当询问对方：'对现状有何想法''请把目前的情况告诉我'。其次就是询问理想：'你的理想是什么''最终目标是什么'。最后就要问怎样缩短理想和现实的差距对吧？这很难立刻作答啊。"

"是啊，与之前教的方法相比，这个问题确实有些复杂。这里有一点需要注意，在对方思考的时候绝对不要说话。

"当对话陷入沉默之中，我们就很容易忍耐不住，想说一些暖场的话。这是错误的，于人于己都没有益处。

"对方思考得很痛苦，所以想让你给个台阶下。但最终结果就是你得不到深刻的回答。你们记住，'沉默'也是一种重要的对话。"

"啊，我总是忍不住在旁边说些多余的话，不太擅长应对这种'空白'，感觉有点压抑。"

"可以说，能否忍耐这种沉默时刻，是衡量内行还是外行的标准。再说一遍，'沉默'也是一种对话。"

"老师，如果让对方先看清现实，那可能就无法说出太离谱的理想了。我觉得考生看到自己的偏差值之后，就说不出'我的梦想是东京大学法学部'之类的话了。"

"唐泽润，你发现了一个很好的问题点。在让对方谈梦想时，提问需要加上一句'如果没有任何限制的话……'。这样一来，或许对方能讲出自己束之高阁的理想。比理想是否能实现更重要的是将理想置于何处。

"刚刚提到的化妆品公司也许就是这样。如果只看现实状况，可能全球化和市场电子化会有些难度。但是，重要的是让对方讲出这份理想。理想与现实之间的落差越大，就越能增加为了缩短差距而进行思考的深度。"

"'Dream Point'也是在现实中遭遇了与老旧理念、与竞争对手的激烈竞争。而理想是作为高品质的笔开启全球化市场。如果提出'怎样能缩短这种差距'这个问题，或许的确能打开思路。"

"身为广告制作人，我深切地体会到：伟大的经营者一定拥有宏大的梦想，并且也会经常将其讲给员工们听。同时，也能很好地把握当前的情况，仔细地审视自己的弱点和落后之处。

"在立足现实，展望梦想的基础上，他总是对员工们说：'拿出填补现实与梦想之间差距的主意吧。'如果能问出可以应对这种状况的'提问'，新的解决方法将会层出不穷。"

"'提问'是自己成长与公司发展的必备技能。我这种人现在都不知道自己的理想为何物。我会锻炼自己拥有'提问型大脑'，重新思考自己的梦想与对未来的期望。"

"我也会试着思考一下自己的现实与理想的差距。"

< POINT >

一语中的的关键词——"如果没有任何限制的话……"

| 讲座 15 | 提问类型⑤ 套用"起承转合"来提问吧 |

我们来学习一下参加这种讲座或会议时提问的诀窍吧。

首先，尽量缩短"提问"的时间。为此，需要我们掌握提问的模式。如下所示：

起——"我想就浦岛太郎的玉匣子提问。"

承——"为什么乙姬要把玉匣子交给浦岛？"

转——"我认为只要收下了玉匣子就会想打开，这是人之常情。"

合——"我想听听您对乙姬的想法有何高见。"

"起"用来描述"提问"的背景。

"承"的内容承接"起"，展示具体的"提问"内容。

其次，重要的是"转"，在此可以清晰地表述自己的见解、意见和有疑问的地方。

最后以"合"确认希望对方回答的关键点。

拙劣的"提问"只有"承"的部分——"老师，为什么乙姬会把玉匣子交给浦岛？"这种提问无论时间多短，提问的范围太广，都得不到清晰的回答。如果没有"转"，就表达不出自己的思考过程和提问的理由。

在提问时套用"起承转合"进行思考。

起——"我想就新人事检索系统的导入提问。"

承——"请谈一谈决定采用 MEC 公司产品系统的理由。"

转——"据我调查，樱花电器公司的产品处理能力比较高。"

合——"请教一下您是从哪个角度选择 MEC 的？"

请大家牢记这个模式。有人要提问吗？

"我都不知道'提问'还有模式。无论是上课还是开会，我都是想到什么就问什么，经常聊着聊着就不知道自己在问什么了。"

"我当讲师时最头疼的就是学生对我说：'我有 3 个问题想问您。'听 3 个问题至少需要 1 分多钟的时间。

"我也时常写记者招待会演讲稿，当报纸和电视台的记者提问在 20 秒以内时就很容易回答。提问比较明确。

"当提问在三四十秒时，对方就不容易记住问题或想不出答案了。自然而然地，对方的回答就会变得温吞。简练的提问能帮助我们引导出精彩的回答。"

"老师，请告诉我套用'模式'的理由。为什么是'起承转合'呢？

"应该还有其他'模式'吧，而且直截了当地只说出自己想问的事不是更加简练吗？套用'模式'有什么好处呢？"

"三田，你刚才的'提问'可能只是不经意地一说，但完全匹配'起承转合'的模式。

"起——我想知道套用模式的理由。

"承——为何要套用'起承转合'？

"转——在我看来，还有很多其他'模式'。不套用'模式'也能简短地提问。

"合——请告诉我套用'模式'的益处。

"你们看，三田的话听起来很有逻辑，是因为她说话时很自然地套用了简明易懂的'模式'。

"大家应该知道'起承转合'源自中国古诗的绝句。这是一种最朴素的诗篇的模式。以'起''承'铺垫，以'转'做戏剧性地展开，然后以'合'收尾。

"与漫无边际地'提问'不同，套用这一模式，对方能像听故事一样把问题听进去。可以说这一模式能让你的问题变成最容易被大脑接受的故事。刚刚三田的话之所以停留在我的脑海中，也是因为你用了'起承转合'。"

"三田，你好厉害。原来是这样，三田的话总是能停留在大脑中，让人很关注接下来的进展。"

"嗯，我觉得也在于你对三田抱有好奇心。总之，我们'提问'时注意套用'起承转合'吧。"

"老师，一般什么问题会让您觉得比较困扰呢？"

"最让我难以接受的就是'依赖性的问题'。小学生会问老师：'老师，楼道扫除做好了。接下来应该做什么？'

"自己不思考'接下来做什么'，完全依赖老师。这种问题让我很困扰而且还会感到生气。我心里会想：不要浪费别人的时间！

"其实有很多诸如'为了求职，是不是先去做海外志愿者比较好''这份工作做完了接下来做什么''我可以结婚吗'之类的问题，我希望大家能把这些问题全部写在'问题笔记'里再来找我。比如：

"①有数据可以证明做过海外志愿者的人求职会比较有利吗？另外，在老师的经验中有这种体会吗？

"②企业对海外志愿者的经验会在哪些方面产生好感呢？

"③除了海外志愿者，还有哪些活动有助于求职呢？我希望大家在询问之前至少要自己思考这些询问的内容。在此基础上，选出想问的问题：

"起——就海外志愿者经验提问。

"承——有数据证明海外志愿者对求职有利吗？另外，在老师的经验中有这种体会吗？

"转——根据我在网上的调查，不少留言都说会有帮助，但真实性存疑。

"合——如果有统计数据，或者是老师的实际体会能证明这个问题的请告诉我。

"或者是：

"起——就海外志愿者经验提问。

"承——据说很多企业会对求职者的海外志愿者经验抱有好感，是真的吗？

"转——学生之间的传闻都说会有助于求职，实际上有很多学生为了求职而去当志愿者。

"合——我觉得应该也与志愿者的服务内容有关，我想向老师咨询一下企业方面的真实声音。

"以'起'介绍背景，以'承'表明具体的提问内容，以'转'来明确自己的意见、简介和疑问点，以'合'来强调希望对方回答的关键点。

　　"这样通过筛选题目，用心提问，对方回答起来也会更容易一些。"

　　"可是，老师，'问题'并不能总是提前就思考出来啊。听了对方的话之后会出现疑问，提出这些疑问就是'提问'了。我觉得如果问题一一用'起承转合'来整理后再发言会比较难。"

　　"是啊，这并不能一蹴而就。但是，只要有意识地去努力就能做到。

　　"我的一位报刊记者朋友教给我一种方法——'弯手指'。配合'起承转合'，一根、两根地弯曲手指。一边按照顺序依次弯曲4根手指，一边检查自己是否在按照'起承转合'来问。用不了多久，即便不弯曲手指也能顺畅地讲话了。"

　　"我一般会加一句总结性话语，比如'今天听了您的话我受益匪浅，谢谢'，或者是介绍一下自己的情况：'我是归国子女，小时候不是在日本长大的。'

"在日常对话的'提问'中我也经常说一些解释的话，比如'还没有看全所有的资料，但是……'。这些话其实都没什么用吧？"

"虽然谈不上全都没用，但对对方来说更需要的是你本人的思考。而且，最重要的是要注意让'提问'听起来简单明了。关键在于努力从'提问'中排除无效的信息。"

"我试着练习一下。看来，在设计'问题'的时候，比起为自己解释，更重要的是让对方容易回答。我懂了。"

< POINT >

在习惯"起承转合"之前灵活运用"弯手指法"。

进入蓝色梦境的两个人

讲座结束后不久，三田小百合便拿着埃尔米特的围巾产品目录来找唐泽润。

"你看看这个，是近期埃尔米特的新品。"

唐泽润拿过来一看，果然是名为"Bleu du Japon（日本蓝）"的围巾系列。

"蓝色、湛蓝、靛蓝、蓝紫……真的都是日本的蓝色。"

"埃尔米特的董事长查理·布雷尔先生从心底喜欢日本的蓝色。这样的人物能说出'我喜欢'Dream Point'的蓝色'，很厉害吧。而且看起来他是个文具控，想办法约他见一见如何？"

"可是，围巾跟咱们没什么关系啊。"

"你再翻几页，啊，这里。埃尔米特也卖高级文具，虽然价格昂贵，但在全世界都很受欢迎。说不定能和'Dream Point'合作一下呢。"

"原来如此，三田，这就是你的'理想'与'现实'了。"

"一支250日元的笔与10万日元的'埃尔米特出品'携手合作。这其中的差距如何来填补呢？日本的笔在世界上的评价比我们想象中要高。一位摇滚巨星竟突然出现在上野的阿美横街，为的就是搜寻我们公司的老式钢笔。而且，查理·布雷尔先生很重视日本市场，发布秋冬新品的时候一定会来日本的。他去太田屋应该也是在那个时候吧。"

"我想问一问查理·布雷尔先生是什么时候知道的'Dream Point'、为什么要使用、怎样才能与他一起工作？"

"你这是垂直型挖掘法呀。我要问的是：起——我想就贵公司的文具提问。承——有没有可能与日本的文具厂商合作推出漂亮的蓝色墨水笔？转——我们立木公司已经开发出了蓝色的墨水，还能做出其他日式的蓝色，我认为我们能与贵公司实现合作。合——请告诉我这件事实现的可能性和面临的阻碍。"

"'起承转合'啊，不愧是三田，运用得真好。提问的同时还兼顾营销。"

两个人一直谈到了公司熄灯。

乍一看他们像是在痴人说梦。

但是，这两个人听了濑木老师的讲座之后，情绪很高涨，他们并不认为这只是一个梦。

之后，两个人来到了银座，决定去前几日没去成的老字号西餐厅吃饭。正值残暑未消的季节，银座都是海外游客，夜晚依然人声鼎沸。

"喂，要不要去埃尔米特店看一下？虽然已经关门了，但可以从橱窗窥视一下。"

在三田小百合的邀请下，两个人在银座漫步。透过厚重的橱窗玻璃，能看到里面悬挂着质感很好的裙子和领带，色彩由"湛蓝"和"蓝紫色"精致地混合而成。

暮色沉沉，夜空中霓虹灯在闪烁。那灯光仿佛触手可及，两个人在那里驻足了片刻。

DAY 4

用"隐蔽式提问"
引导对方说出真心话

　　对方的"心里话"仅凭"提问"是问不出来的。为了能让对方愿意再多说一些，我们应该掌握一些"隐蔽式提问"的方法。如"以一般论提问""正正负正法则""对行动提问""再问一个问题可以吗""英雄式采访"。

　　用"一般……？"引导对方说出心里话

　　时间过得很快，已经是第四天了。今天的主题是**引导对方说出"心里话"**。这比我们想象中要难。"心里话"是人们不想说出来的话。我们应该明白让对方吐露"心里话"的概率非常低。

　　我们试着运用一下心理学经常使用的"投射法"吧。

　　比如，假设有两张广告海报，需要确定选择 A 方案还是 B 方案。我想在会议室征询大家的意见，年轻人在意上司和周围人的目光不愿说出自己的意见。这时可以试着提问："如果是没有广告知识的普通年轻人会选择哪款呢？"这种提问方式意味着我想了解的是一般年轻人的意见，而不是你的意见。

　　于是，我便收到了这样的回答："应该是 B 方案吧，A 方案的冲击力有些大，我觉得我们这一代人比较容易接受清爽一些的设计。"这个回答其实并不是真正的"一般论"。

在这个意见中一定能"投射"出回答者本人的意见，所以称为"投射法"。

不问个人的意见，而是以对方比较容易投射的一般情况来提问，比如："你这代人……""作为职场女性……""时间安排紧凑的人……"，等等。

这样，回答中一定包含着对方的"心里话"。对于在意他人目光的人和不擅长说出自己意见的人，我们在提问的时候应该注意使用"投射法"。有人要提问吗？

"话说前几天我参加了公司的工会活动。工会主席问我：'你对工作有什么不满意吗？在大家面前说一说吧。'

"其实我心里并不是没有不满意，但是不可能突然在大家面前说：'我不满意领导们晚上在公司耗到很晚才走。'因为大家都认识我团队的人，说出来还是不太好，会让团队成为反面教材。"

"这种情况使用'投射法'就比较方便了。可以试着询问：'你觉得这个公司的工会成员普遍都对什么不满意呢？'就算回答'领导们晚上在公司耗到很晚才走'，听起来只是大家的普遍意见。那就不仅仅关系到三田的团队，也有可能是其他部门同事的，或是三田看到其他公司的状态才得出的结论。"

"太田屋的塚田部长也经常这样说：'唐泽润，这个问题我想听听大家普遍的看法，要是把笔放进西装口袋里，你们公司的"Dream Point"和其他公司的笔相比，哪个更好看呢？'

"其实他可以直接问'Dream Point'的设计与其他公司的新产品相比看上去是否会有些廉价呢'，而他却特意在这里加上了一句'穿西服的商务人士'，就是为了表示自己问的是普遍看法。

"被他这样一问，'我们公司的产品比较土气，对不起'这样的话我就说不出口了。于是，我打着'普遍看法'的旗号提了些意见，'笔帽上的卡子很显档次''金属质地搭配西服很好看'，等等。实际上，这些都是自己意见的完美投射。"

"是的，以他人之口说出来，能减轻说话者的心理负担，从而更容易吐露真言。将问题的主体偷换成'一般论'，对方就能很顺畅地说出自己的心里话。"

"但是老师，并不能把所有这样的问题都归结于'投射'吧？我觉得有些情况是真的在讲'一般论'啊。"

"嗯，那就要看提问一方的技巧了。

"比如，我向三田提问：'如果站在孩子的角度考虑，你觉得会怎么样？'这就有可能是在询问普遍看法。因为三田已经是个成年人了。当被询问关于孩子的问题，虽然回答中多少会有些'投射'的影子，但基本上回答的还是自己的见闻。"

"原来如此，看来应该选择对方容易进行自我投射的'一般性群体'。如果是三田的话，就可以说'作为职场女性''作为在巴黎度过童年的人'之类的。"

"唐泽润，如果问你：'是不是一般男人结婚后就会出轨？'你怎么回答？"

"三田，在知道我这点秘密的情况下还要提问，这不好吧。就算我说'我不会'，你也不信啊。"

"哈哈哈，也对。"

"刚才的对话有个很重要的提示。答案显而易见的普遍看法有时听起来像是讽刺或是让对方感到不快。

"有位以前找我商谈的女士就遇到过这样的情况，与人约会迟到了，对方男士便问她：'这个季节，女性一般约会是不是容易迟到？或许是身体不舒服，或是因为湿度大梳不好头发，也可能是前一天参加的聚餐比较多。'这么说很讨厌吧？她当时也很生气。

"后来，再三听他讲话发现，他以'一般论'为幌子，说的都是些令自己不满的事，或是希望对方怎样做的要求。可以说是'反向自我投射'吧，将'一般论'偷梁换柱，发泄自己的不满。听她这样说，我觉得自己也应该注意。令人生厌的男人假借普遍看法来发泄自己的不满，这种情况并不罕见。

唐泽润也要注意啊。"

"我觉得自己不会这么拐弯抹角地说话，不过，喜欢讽刺别人的人的'提问'的确不少都是在投射自己的不满。"

"我刚刚真的只是单纯地想问一问男人普遍对'婚后出轨'的看法啊。"

"好、好，这个问题你们私下再去辩论。总之，对那些不容易吐露心声的人，要记住以'一般论'使其自我投射的方法。没问题吧？"

< POINT >

"投射法"对在意别人目光的人、不擅长说出自己意见的人有效果。

提问对方现状，扫清"心墙"阻碍

我曾向一家企业的社长打听过管理下属的方法。

"我决定不能不容分说地批评别人，或者发表一些居高临下的言论。否则，下属就只会辩解或者道歉。以我的经验来看，聆听下属意见的最佳时机就是说上一句'干得不错嘛'来肯定对方的时候。下属听后会松一口气，同时自己就会说出问题所在：'哪里哪里，这点还存在不足''现在问题出在这里'。因为给予了肯定，所以对方的心情应该也还不错。他不用急于辩解，而是会讲出真正的问题点。"

对于对方所说的事，我们应该表示对现状的肯定："我觉得保持现状就可以。"对方觉得自己可能会被斥责，或是会被命令汇报现状，这时我们若能给予肯定，便会让他处于喜悦和谦逊的状态，对方便愿意说出"这里做得还不够""这部分费了不少力气"等话语。语气和缓之后，不知不觉地就开始吐露真心话了。

如果对方怎么都不肯吐露真言，那么我们可以在再次肯定对方的基础上提问："像我这样的外人或者说是门外汉觉得做到这样就可以了，但以你专业的眼光来看还有什么不足的地方吗？"这是在向对方这种专业人士表达敬意，在表明态度的基础上再提出自己的问题。

在电视里的"答记者问"会上，记者们聚在一起责问台上的人。在被否定现状的情况下，台上的人就只能沉默不语或是为自己辩解了。这是"提问"的反面例子。请学会肯定对方的现状，然后竖起耳朵聆听在对方如释重负的瞬间吐露的真心话。有人要提问吗？

"濑木老师，我也有这种经历。在半年一次的部长面谈的时候，被指责：'你没能完成自己的工作。'这让我很火大，生气地反驳了对方。唉，应该算是辩解吧。被人戳到痛处后，我们只能道歉或者辩解。"

"三田，你敢于反驳就已经很伟大了。我可能也就说一句：'哦，是吗？'但我心里很愤怒：'平时都不关注我，就不要在这种时候挑毛病！'每当这个时候我就不想再说什么了。"

"这就是在中层管理人员进修时我经常会提到的内容。不过，你们提前了解一下也无妨。

"去走访客户时，听对方说完现状，首先应该用肯定的态度给予认可。然后再追问对方是否还有什么不满意的地方，客户就能告诉我们真心话。"

"的确是这样。当别人对我说：'唐泽润保持现状就很好。你觉得自己有什么不足之处吗？'我肯定愿意回答，比如，'工作有些干腻了，觉得无聊''与人沟通方面出现很多问题，让我很苦恼'，等等。"

"之前，妈妈总是在电话里唠叨我：'你不结婚吗？''工作这样继续干下去没问题吗？'，后来'My Dream'火了，我偶尔会出现在网络或者杂志上，妈妈就很快改变了意见：'暂时就维持现状吧。'结果，反而让我开始考虑：我的人生是否可以就这样走下去？

"一旦受到肯定，就好像会出现一种'我还不配获得对现状的肯定'的感觉，真是不可思议。"

"但是老师，如果每次都说：'维持现状就好。'会不会让对方误以为我是个不思进取的人呢？如果总是对太田屋的塚田部长这样说，他一定会生气地指责我：'你没有积极性。'"

"嗯，因为销售每天都要和相同的人见面。那我教给你们两个层次稍微高一些的技巧吧。这就是'正正负正法则'。说话时，连续两次正面内容，然后加一次负面内容，最后用正面内容结尾。正面、正面、负面、正面，所以叫'正正负正'。

"我们来试着转换一下'维持现状就好'的感想。比如：

"正——'我认为维持现状就好。'

"正——'我认为简明易懂，而且绝无仅有。'

"负——'就是有点担心预算。'

"正——'但是，外人会觉得很新鲜。'

"这样不但不会令对方感觉不快，负面信息'有点担心预算'的部分会给对方留下印象。于是对方就一定会谈到预算的问题。"

"原来是这样，比起直截了当地询问：'预算没问题吧？'不如趁着对方心情不错，让对方多说一些。"

"我们都特别反感别人高高在上地说三道四，这种技巧我们上一代人应该学一学。当然，对我们这一代人也有用。"

"所谓'高高在上的提问'，指的是为了击败对方的'提问'，比如'其实你是知道的吧''你不会做吗''你害怕了吗''你是不是想逃避'，等等。现在也经常能在国会、媒体的'提问'中听到。但是，那不是'提问'，而仅仅是声讨。

"我想教给你们的并不是打败对方的技巧。应该说是一种以孕育友情为目的的活动。目标在于拥有共同的见解。"

"从这个角度上看，课上您提到过的社长真是胸怀宽广啊。的确能感觉出社长的气度。

"我有时会说一些像'正正负正法则'这种程度的、消极的话。这样大家是不会告诉我心里话的吧？我以后注意。"

"我们也希望自己能胸怀更宽广，可以接受对方的世界观。下次再听到塚田部长的责备就当成一种肯定来听吧。"

<table>
<tr><td>< POINT ></td></tr>
<tr><td>自由自在地运用"正正负正法则"。</td></tr>
</table>

提问"行动"展望未来

下面进入今天的第三节课。这次的内容同样是关于用"提问力"引导对方说出心里话。在我们"提问"后，希望得到对方怎样的答案呢？简单地想一下，你们认为会是什么呢？

我想应该是"行动"。"前进还是止步""支付与否""攻击与否""吃中餐还是日料""分手还是重修旧好""结婚与否"……这些都是在问对方今后将如何行动。

当然，并非所有的"回答"都等于"行动"。

但是，在职场中，人们一定是想问"你今后将如何行动"。只要了解对方的行动方向，便能制定自己的行动方针、找到思考的方向。

我们需要在思考上述问题的基础上具体地"提问"。

"能'决定'引进我们的产品吗""能'参加'此次活动吗""能'陪'我一起去给客户道歉吗"——将自己期望得到的答案与相适应的"行动"结合。为了了解对方的"行动",我们要想清楚"提问"的具体内容。

提到"行动",对方会告诉我们阻碍"行动"的理由、遇到了什么阻碍。

"今后要怎么办?"

这个问题可以简单、具体地询问对方的行动。

从今天开始请大家有意识地利用起来,这样,停滞不前的事情就能有所进展。有人要提问吗?

"找工作的时候，曾经被人问了很多关于行动的问题。"

"我也是，比如，你对哪方面提出了问题，是以怎样的目标去行动的。"

"还有，找了什么样的人一起行动，得到过怎样的帮助。"

"对、对，采取行动的结果和遇到的阻碍是什么，是怎样跨越过去的。"

"进入我们公司后准备怎样行动。"

"你们都能说出不少啊，看来你们可能比我还清楚询问'行动'的必要性。

"如今的工作内容越发复杂，而且越来越多的企业要把决定权交给年轻人，因此在求职时，比起'你是怎样的人'，企业更倾向于重视'你是会采取怎样行动的人'。正因如此，多了很多被人询问'行动'的机会。"

"工作后，我们就一直在问客户的行动。

"4 年前，太田屋全面改装店铺的时候，我还是个新人。那时我的前辈们一直在打听太田屋将如何行动。

"是准备发展成像银座那样的超高级文具店，还是汇集全日本的珍贵文具以日本风格为卖点面向外国人？的确，那时前辈们每次发现当时还不是部长的塚田的身影总要问一句：'今后怎么打算？'"

"你的前辈很优秀啊，只要询问'今后怎么打算'，对方一般都会告知未来的行动计划。只要知道了对方将如何行动，就能相应地调整自己的行动。"

"是网罗高级文具，还是策划一些与众不同的东西呢？只要能获得对方准确的回答，我们就没必要盲目行动了。"

"老师，我们两个人最近正在幻想着能不能与法国的'埃尔米特'一起合作做点什么。可是，仅仅幻想一下什么都做不成。想采取什么行动、想要对方有何行动——这些问题都需要我们自问自答。"

"是呀，我们私底下都很兴奋，但还需要说服公司内部，说明我们将采取怎样的'行动'。"

"如果我们自己不认真地思考'今后要怎样做'，那么这件事就仅仅是个梦想了。"

"唐泽润、三田，刚刚你们意识到的事情非常重要。

"在商务谈判中，重要的是将终极行动放在哪个位置上。为此，我们需要精心安排打听对方'行动'的提问顺序。"

"比如，①世界级品牌'埃尔米特'有和日本厂家合作的意愿吗？②不仅仅是提供圆珠笔笔芯和墨水，能否一起开发新产品呢？③合作时，能否在法国打造一个具体用于共同开发产品的据点？"

"可以，像这样以'行动'为中心整合提问，能令构想更加明确。"

"三田，说得太好了。我好像知道我们应该做些什么了。

"我自己一直有些担心：仅仅凭着两家公司关系好一些就能合作了吗？只是让对方购买我们的墨水就可以了吗？想不想开发新的产品？"

"不下定决心是不行的。我想不停地问'埃尔米特'的查理·布雷尔：'今后有何计划？'一直努力直到他说：'好啦，我们一起合作吧。'"

"……说句题外话，包括私生活在内，我知道自己为什么害怕'今后如何打算'这个问题了。

"这是因为必须要将答案用行动表现出来。如果女朋友问我:'今后如何打算?'那我就不得不用'或结婚、或分手、或维持朋友关系'的行动来回答这个问题。真是无处可逃啊。"

"没错,唐泽润。不过,你明白自己'无处可逃'就已经算是进步了。行动起来吧!"

⟨ POINT ⟩

了解了对方的动态,就能知道自己应该做些什么。

以"再问一个问题可以吗"缓解对方的紧张情绪

你们还记得电视连续剧《相棒》的主人公杉下右京的经典台词吗？

"最后能再问一个问题吗？"

这个提问以前曾是《神探可伦坡》里神探刑警经常使用的台词。

"啊，我忘记说了……"刑警脸上出现仿佛突然想起了什么似的表情，最后问出一个关键的问题。在犯人觉得审讯已经结束松了一口气的时候，往往容易多说一两句话。

我们应该在会议或者谈判即将结束，对方放松下来的时候提问。或许对方会表现出不耐烦的表情觉得你很啰唆，但这个时候容易探听出对方的心里话。

在这句提问中最关键的在于"一个"。请尝试着使用这两句话："能允许我再提一个问题吗？""还有最后一个问题就结束了。"

当对方有些不安地想："要问到什么时候才能结束呢？"此时听到你说"一个"就会如释重负。接下来哪怕你多问几个问题对方也比较容易接受。因为在对方的意识里已经认定"提问应该马上就要结束了"。

我经常会在白热化的会议上将这个关键的问题放在最后，询问全体的感想："最后我再问一个问题。实话实说，你们认为刚刚的讨论怎么样？"大家就会坦诚地告诉我："还需要再协商一下才能决定下来。""剩下就是安排日程了吧？我想再研究一下还来得及吗？"很多时候这些回答中会包含下一次会议的方针。

即便没能获取明确的信息，也能看一看大家的反应。这一定会对下次的会议有所帮助。好了，有人要提问吗？

"史蒂夫·乔布斯也经常说'最后一点'。当整个发布会已经结束时，然后他会说'One more thing（还有一点）'，这是乔布斯的经典台词。大家其实都知道这意味着接下来将进入最为重要的公布新产品环节，会场一下子就沸腾起来了。"

"这是史蒂夫·乔布斯'魔力演讲'的一部分。众人以为发布会已经结束了，他却像突然想起来一样补充一点，反而吸引了大家的注意。他真是个演讲天才。"

"杉下右京也经常采用附加式的提问。我想正因为是附加的问题，才令人印象深刻。"

"电视广告有个定律，最后一句台词最容易给人留下最深刻的印象。化妆品广告里，在商品名称出现后的最后一秒左右，女明星会一边说着'湿润'一边满足地摸着自己的脸颊。这就是一种技巧，为了给观众留下'使用这种产品皮肤就能这样好'的印象。"

"啊，真的是这样！有这种广告。原来如此，最后出场的都是最重要的。"

"据说与别人见面，在分别之后留存在我们记忆里的就是分别时看到的对方的面容。因此，最后以笑容分别是商务礼仪的铁律。"

"我都不知道！我可能一直都是板着脸挥手。"

"凡事比较重要的东西都在最后。'提问'也是如此，最后的问题会留存在记忆里。因此，我希望你们在下次上课之前认真思考的问题都会留到最后再讲。'最后一点，希望大家在下次见面之前准备出活动会场的 A 方案和 B 方案。'这样一说，哪怕之前的话都忘记了，也能记住这一点。这是我希望每个销售都能记住的技巧。"

"在实际运用'最后一点'的时候，我很怕被人看作啰里吧唆的女人，不知不觉中就不再这样说了。怎样才能说出来不被别人厌烦呢？"

"嗯，电视剧里有'经典台词'的说法，所以总说同一句话，但是你说话的时候换个说法就可以了。比如'最后的最后''啊，我忘记说了'都可以。总之，只要我们积极地增加'提问'机会就好。"

"我明白了，我会努力做到爽快地、不厌其烦地提问。"

< POINT >

在会议和谈判中给人留下印象的是最后一句话。

用"英雄式采访"提升对方的自我肯定感

接下来开始第四天最后的讲座。

今天的主题是引导出真心话的"提问力"技巧。最后一个是"**英雄式采访**"。所谓"英雄式采访"指的是将一个对象作为故事的成功者，采访对方的心境和为成功所付出的努力。换言之，是一种能够调动对方的正面情绪，并引导对方说出心里话的方法。

每个人都想崭露头角，把自己最好的一面展示给大家，想让自己成为英雄、主人公。

被人"提问"时也是一样的。自己站在聚光灯下，大家都为自己的话而感动——当被提问者的情绪被调动起来，就很容易吐露心声了。

英雄式采访是有秘诀的：

①询问当下的心境，让对方敞开心扉。

②聆听曾经艰辛的经历，满足对方的自我认同感。

③询问对未来的展望，让对方讲述今后的发展方向。

转变现在、过去、未来的时间轴的同时，让对方讲述自己的成功经历，这样能丰富对话；让对方站在成功者的高度，反而能够看清他想要隐瞒的真实想法。

在这3点之中，最重要的是"曾经的艰辛的经历"。当我们提出问题："您历经了怎样的千辛万苦才获得成功的？"对方就会讲述自己最艰辛的时期，"那段时间我很迷茫"，然后我们就能看到他抵达成功之前的"信念""执着"与"匠心"。

这其中应该就有这个人的真心话，同时也能看出对方的性格和人品。为了能捕捉到这些关键点，我们一定要侧耳倾听主人公的叙述。好了，有人要提问吗？

"老师，今天也辛苦您了。这次的英雄式采访听起来很有用。我们还年轻，一起工作的多是长辈。我感觉既不能用对待平级的态度说话，按下级对上级好像也不对。我总是发愁要以什么样的态度进行商讨。"

"我也是，本来我就不擅长说话，经常有人说我说话生硬。我不知道应该怎样把控与对方的距离。"

"我们都是一样的：哪怕年岁再大、哪怕身陷苦难，也依然希望有人能夸自己一句'你真棒''干得好'。很多人沉迷于网络社交平台，也是因为渴望通过'点赞'这项功能满足被人认可的需求，从而提升自我认同感。

"用'提问'引导对方讲出心里话的时候也是一样的道理。在不伤及对方自尊心的前提下，用提升自我认同感的方式'提问'。这就是英雄式采访。"

"老师，刚才您说最重要的是'曾经的艰辛经历''克服了多少苦难'。您能再详细地讲讲这是为什么吗？"

"你试着想想自己的事。如果我问你：'请问你是怎样解决了失恋的痛苦，找回自我的？'你会怎么回答？"

"那我还是会先说一下分手前的焦灼状态和对感情不够重视的自己，然后再说一说三田邀请我参加此次进修的事。

"一开始我只是抱着解闷的态度来参加讲座，随着对'提问力'的深入学习，我意识到不知道什么时候就忽视了自己的缺点。

"于是我有意识地克服自己的缺点，再试着与太田屋的塚田部长和公司的同事们接触，结果，不可思议的是很多事都在向好的方向转变。感觉我好像在不知不觉间又找回了自己。"

"嗯，刚刚唐泽润讲的就是一个'故事'，一个完整的克服困难的故事。

"当一个人接受了'英雄式采访'，心情变得愉悦，自然就想讲述自己的故事。当然，为了凸显自己，故事中会夹杂一些歪曲事实的话，或是为了隐藏心里话制造的谎言。

"但是，只要我们把包括这些在内的全部内容问出来就已经算是大获成功了。能看出一个人的人品，还能明白他想要主张什么、隐藏什么。"

"原来是这样！当一个人以英雄式采访的形式暴露在聚光灯下，他'希望示人的一面'和'不愿示人的一面'就会像光和影子一样都展示在我们面前。"

"唐泽润，说得好！英雄式采访是调动对方情绪的同时探究对方真心话的武器。

"我的前辈曾教导我：'在采访别人的时候要做个透明人。'越削弱自己的存在感，就越容易让对方产生自己在聚光灯下的感觉。"

"在聚光灯下，人的情绪越高涨就越想要隐藏不为人知的一面。听起来有些可怕，但人的心理就是这样。"

"老师，我还想知道对方隐藏着的阴影部分，无论如何都想让他说出来的时候应该怎么办呢？"

"三田，你觉得应该如何回答唐泽润的这个'提问'呢？"

"我认为只能多做几次英雄式采访了。"

"答得好，没错，不要一次就放弃。不，应该说不要一次采访就把问题全部问完，英雄式采访应该分几次进行。这样一来，对方看到你就会感到亲切——'又能体会接受英雄式采访的感觉了'。于是，他会开始想表达自己真正的情绪。"

"可是，有时候对方的保护壳太坚硬，怎么都问不出真心话。如果被发现采访者的用意的话，会不会更加顽固地不肯说出来呢？"

"嗯，那教给你们一个绝杀技巧吧。这个叫作'反刍提问法'，就像牛反刍一样，以对方上次、上上次所提的意见为核心组织问题。具体而言，我们可以用'正如您上次所说……'来引导对方思考。

"比如，你可以试着对太田屋的负责人说：'正如上次部长所说的，我认为展品的陈列很关键……'其实想推荐产品陈列的人是你。太田屋的塚田部长心里大概会想：'我说过这种话吗？'但他一定会继续展品的话题。

"如果被别人说曾经对某件事发表过言论，那么我们就会想要对其表示肯定。"

"原来如此，我要在英雄式采访中实践一下！"

< POINT >

当对方开始"自述"的时候就意味着提问成功。

STORY 4
蓝色的礼物

事情的进展始于太田屋塚田部长的一封邮件。

"查理·布雷尔先生今年也会秘密来日本，将与我们的社长会面，之后他有 6 分钟左右的时间。我提出制作'Dream Point'的公司的人想要送礼物给查理先生，他欣然答应了。我能做的就只有这些了。"

唐泽润马上给三田小百合看了邮件。随后，三田迅速地制作了一份与"埃尔米特"合作的企划书交给了唐泽润。

两个人又马不停蹄地将企划书提交给销售部部长。

"我想你们可能不知道，曾经咱们两次想与他们合作都被拒绝了。那时想合作的产品是笔记本的替换芯。"销售部长凝视了一会儿天花板后开口说道，"但是，我们还是应该试一试。能够直接与查理·布雷尔先生见面的机会可不常有。来不及书面请示了，我去报告给社长吧。话说回来，唐泽润，你还会法语？"

销售部部长抬起头看到三田一边笑一边做了个小小的握拳庆祝的动作。

"总之，最近一直萎靡不振的唐泽润又有了干劲儿，这让我很高兴。是濑木老师的讲座发挥作用了吧，每年都有被他拯救的员工。"

三田小百合也在思考同样的事。

不久之前，唐泽润还是一脸呆滞、毫无生气的样子。

初进公司时他的那种令人喘不过气的自信已经消失了，取而代之的是一种看破人生的厌世感。而现在的他又复活了。

唐泽润有些拘束地坐在电脑前，这姿态和新人时候一样，不，比那时强壮了一圈。

"我问了墨水的制造部门，可以做出除了现有蓝色以外的颜色。因此，可以按照对方的意愿制造颜色。而且，'Dream Point'的关键在于笔的弹簧。因为振动幅度很小，而且笔尖的位置会轻微改变，所以不会出现书写不顺畅的情况。如果可能的话，不仅仅是墨水，我想对弹簧系统也做份计划出来。"

吃饭的间隙，唐泽润一直不停地对三田小百合说着，都不给她提问的机会。三田小百合实在忍不住打断了他："唐泽润，停一下。我想问个问题，你现在多大了？"

唐泽润有些猝不及防的样子，回答道："25 岁……"

"嘟——"三田小百合模仿回答错误的提示音。

接着，三田小百合调侃地说道："昨天 9 月 5 日，你已经 26 岁了呢。"

"啊，我都忘了自己的生日了！"唐泽润说。

这时，三田小百合拿出了一个细长的盒子送给他。

"生日快乐！见查理·布雷尔先生的时候要戴上哦。"

拆开白色的包装纸，里面是两个人曾经在"埃尔米特"橱窗里见过的蓝色领带。现在的唐泽润头脑的大部分都被"埃尔米特"的蓝色占满了。

他看着三田小百合，想要说声"谢谢"。然后忽然发现在她套装的胸前口袋里插着一条"埃尔米特蓝"的小手帕。

"刚发现？从我过来就一直装在这里，代替了护身符。唐泽润，你应该对女人的心理多拿出些'好奇心'。"

银座今晚的夜色依旧深沉，凉爽的风开始吹拂起来了。

DAY 5

用"带入式提问技巧"坚持自己的观点

最后一日，将介绍的是在会议、商谈场合或是私人交流中，用"提问"来引导对方，将其带入你的阵营的具体方法。只要肯实践这些方法，不用振臂高呼也能让你的意见顺利被采纳。

　　在谈话过程中加入"方向指示词"

我们马上开始最后一天的讲座。大家一起为本次讲座画上一个圆满的句号吧。

今天我们来学习一种技巧：为了更有效地推进工作，我们可以运用"提问力"将其他人带入自己的阵营，使自己的意见顺利得到采纳。

无须寻找像演讲、采访这种特殊机会，在每天的闲聊或探讨中就能运用"提问力"。这是提升提问能力的最佳方法。

其中一种方式就是在谈话过程中加入"方向指示词"，做法很简单，仅仅需要比一般对话更有意识地使用"接续词"。

"然后，有何进展？""所以，你是怎么想的？""于是，你就能说出这种话？"等——以"顺接＋提问"就能推进谈话进程或者进行总结。

"但是，这不能一概而论吧？""可是也有其他不同看法吧？"——运用"转折＋提问"能够扭转谈话的方向。

表示附加的"另外"和"而且"、表示转换话题的"话说回来"、表示选择的"还是"，等等。当对话跑题或无法推进的时候，通过把添加接续词的"提问"与会话交织在一起，我们便能够抓住对话的主导权。把你的所有意见以提问的形式展示出来，对方就会按照你给的方向去思考。

在一般对话中加入"**接续词＋提问**"，请务必掌握这种专业采访者使用的技巧。有人要提问吗？

"高中写作文的时候，老师曾说过：'用接续词比较多的文章就像小孩子写的，一点也不漂亮。'

"像'明天要远足，所以我很早就睡了，于是今天很早就起床了'这样的文章的确不怎么样。叙述单调、不知道在强调什么。所以，老师让我们使用接续词，我觉得很意外。"

"是的，我们在写优美的文章时，应当尽量省略掉'接续词'。

"'我喜欢文具。因此，有收集圆珠笔的爱好。''我喜欢文具，有收集圆珠笔的爱好。'

"相比之下，后者更有余韵，是成年人的写作方式。但是，对话并不一样。大家不会都用优美的书面语说话。

"正因为更多的人用的是暧昧、没有条理、混乱不堪的口语讲话，我们才有必要使用接续词来'指示方向'。"

"的确如此，在平时的对话中我们说'那么，然后呢？'就是在'提问'了。"

"我经常只是省略性地说一句：'也就是说？'如果完整地说出来就是：'也就是说，结论是什么呢？'那么就是一个确切的'提问'了。"

"没错，对话的状态混乱时，若有个问题能提示出应该思考的前进方向，大家就会紧随其后。

"我经常撰写政治家的街头演讲稿，写的时候就会注意接续词。比如，'教育制度改革对国家的未来是非常重要的政策。**但是**，现状怎么样呢？我们能说国家在认真地对待这个问题吗？**进一步而言**，大家身为父母，都会站在守护孩子们的立场上，而国家是如何应对大家的呢？我认为目前国家做的还远远不够。**因为**……'

"就像这样添加'方向指示词'。于是，政治家一定会在这些'接续词'的位置提高音量。这是他们想指明谈话的方向的心理在起作用。"

"老师所写的街头演讲和宣读单调的国会答辩的不同之处就在于有没有起到'方向指示词'作用的词汇。"

"嗯，是的。要想引起不感兴趣的人的注意，关键在于通俗易懂。你们两人在日常对话中也要注意。

"说话时要让对方明白：'啊，唐泽润刚刚向我提问了。'咱们练习一下吧。假设唐泽润向太田屋的塚田部长推销

'Dream Point'系列的高端线新产品。试试看。"

"好。今天我给塚田部长带来了我们公司'Dream Point'系列的新产品。这是能满足高端商务人士的高级产品，皮革质地很有分量感。"

"**可是**，高端产品卖得出去吗？一直以来'Dream Point'都是以价格便宜、书写体验好为卖点的。**所以**，消费者面对突如其来的高端产品不会觉得奇怪吗？"

"正如您所言。**但另外**，我们公司收到很多顾客的呼吁：'想要能在重要的商务场合使用的高端产品。'**所以**，我们公司推出了这样的产品。"

"**但是**，'Dream Point'给人的印象是学生在使用。**即便如此**，也要做高端线吗？若是其他品牌的话倒是可以展示在店里，但目前没有摆放高端产品的地方。"

"咱们能不能试验一下，暂时放在三层的海外高级笔区域，或者是四层的高级手账卖场？我们也会尽全力为产品销售做好后援工作。"

"你的心情我能理解，但就目前的情况来说确实有困难。**其实**，现在的学生们开始使用高级笔，**并且**女士也开始追求不那么女性化的笔了。我觉得不要做这种以男士为受众的高端产品，把思考的范围扩展一下是不是会比较好呢？"

"好，到此为止。你们讲得都不错。因为在方向指示词的地方加强了语气，所以谈话的流程很清晰。"

"如果在平时开会时也认真地加上方向指示词，比如'但是''因为'等，那么听者也能很容易地判断出'这个话题的走势将朝向这个方向'。

"而说话者讲得漫无边际是不行的，如果说话毫无条理，不要说方向指示词发挥不了作用，反而还会引发混乱。"

"嗯，把我们说的话录下来马上就能知道，我们平时的谈话内容都是支离破碎的，或有头无尾，或东拉西扯。所以，在'提问'的时候，应该多多注意方向指示词。在提案或谈判等想要让别人采纳自己意见的时候也有效果。"

"老师，为了更有效地运用方向指示词，我们还有必要增加一些接续词词汇的储备吧。"

"三田说得对。顺接有'因此、所以、然后、从而、于是'，转折有'但是、可是、不过、尽管如此'，选择有'或者、是……还是……、抑或是'，对比有'一方面……另一方面……、相反地、反而、反面来讲'，记住这些就可以了。"

"我在参加这次讲座之前，一直认为只要满怀热情、态度坚决地说出自己的意见就一定会被采纳。从没有想到过能用'提问'引导别人思考，让自己的意见更容易被采纳。"

"平时的对话并不完整，所以要用'接续词＋提问'做个铺垫。我也会有意识地使用起来。

"我也同唐泽润一样，之前并不知道除了顽固坚持自己意见以外的方法。有时候会有遇到瓶颈的感觉，或许也是因为这一点。"

"不要忘记我们并不是一个人在工作。我们其实是在各种境遇的人们的各色想法中工作。如果能借助其他人的智慧和力量，我们就能一下子强大起来。职业的范围将得到扩展。"

"谢谢您，我会从日常对话开始进行纠正！"

以"接续词＋提问"做铺垫吧。

讲座 22　"提问"中的撒手锏

下面开始最后一天的第二堂课。在此，我会介绍一些最有效果的"提问力"的撒手锏：

①具体地；

②比方说；

③其他的；

这些都是我们经常使用的词语。但是，我想很少会有人注意到这个顺序。这 3 个词所隐藏的意思就是：

①具体地——不明白你的意思，请耐心、详细、简明易懂地解释一下。

②比方说——不仅仅是抽象的话语，请举出一些具体事例。

③其他的——这些不能满足我，请举出其他事例。

仅仅用这 3 个词就能温和坚定地表达出我们坚持的态度。

最重要的是这个顺序。如果突然问一句："还有其他的吗？"那么就变成了全面否定对方的发言；若是把"请具体地说一说"放在最后，就会被对方质疑你完全没理解他的话。

"具体地"可以测试出对方的理解程度；用"比方说"可以了解对方是怎样根据现实进行思考的；而"其他的"则能帮我们了解对方的从容度和视野的广博程度。

在普通对话中，也请在思考这三招撒手锏的顺序之后再使用。**自问自答时也有效果**。有人要提问吗？

"'提问力'的3个撒手锏，都是我们经常使用的呀。"

"虽说经常在用，但稀里糊涂地使用和了解威力后再使用是完全不同的。

"如果我们把这3句打包放进提问里，对方思考不清的地方就会浮出水面。这也是对对方的一种提示。"

"我一直认为'具体地'和'比方说'是一样的。当别人说'请具体解释一下'，我一般都会举例说明：'比如……'"

"人们经常会有这种错误。'请具体解释一下'的意思是'为了让我能够理解，请稍微简单易懂地解释一下'。'比方说什么事情呢？'的意思是'请以具体事例说明'。

"咱们来试一下。假设唐泽润完全不知道三田打造的'My Dream'是什么。就连是笔记本、化妆品还是食品都不知道，这时唐泽润怎样向三田提问呢？"

"应该说，能不能具体介绍一下'My Dream'吧？"

"没错，三田怎么回答呢？"

"2018 年，由日本的文具厂商立木公司销售的记事本系列产品，以制造出流畅书写、可爱、漂亮的本子为目标。"

"嗯，说得不错，那我们继续。了解了'My Dream'是记事本，但是却不知道能用在什么地方。仅凭刚才的介绍，我们的头脑中想象不出谁在怎样使用。这时应该问什么？"

"比方说，我们可以在什么场景中使用'My Dream'呢？"

"没错，这次是'比方说'。请三田回答一下。"

"好的，这一系列商品是我们向全国的女高中生做过调查问卷后打造的，因此十来岁的女孩子们会在上课时使用。"

"嗯，情景浮现出来了。但仅凭这些还不了解产品有多好。在深入挖掘时，唐泽润会怎样提问呢？"

"该说'其他的'了吧？还能在其他场合使用吗？"

"职场女性可以将最小尺寸的本子放进西服内侧的口袋里使用。这本子不仅小巧，四角是圆弧的，还很轻、很柔软，所以放进衣服口袋里也看不出来。"

"嗯，很棒。"

"这撒手锏或许在向'埃尔米特'的董事长查理·布雷尔提问的时候也能用得上。"

"嗯，'提问'的方法并不仅限于日本。当外国人抱有好奇心时，也会兴致勃勃地提出：'具体情况请简单易懂、详细地说明一下。''比方说制造什么样的商品呢？''还有其他代替方案吗？'这就需要你们认真作答了。

"反之，如果你们询问'埃尔米特'的董事长时也可以活用这 3 点。对方一定会觉得你们很有能力。"

"老师，在讲座中您提到过'理想与现实'的问题。我觉得这个在自己做提案的时候很重要。

"首先自己说出理想，然后对方就会提问：'具体而言是什么？'于是我就可以把话题落在想要实现的企划案上。

"当对方以'比方说……'来提问，我就开始介绍商品或企划案的内容。当被问到'其他的……'，我就讲一下替代方案。我认为一开始就谈理想比较好。"

"哈哈，三田能马上将自己听到的运用起来，转变为自己的力量。你说得没错。

"对方讲理想→用'具体地'提问→让对方简明地解释→以'比方说'提问→让对方介绍具体的商品和企划案→以'其他的'提问→让对方讲述其他事例或替代方案。

"如果能顺利完成这一循环，这份工作就完满了。加油吧！"

< POINT >

使用 3 个语句的时候应注意顺序。

用 "……也就是说？" 让对方总结想法

今天的第三节课我们来继续讲用 "提问力" 坚持自己的意见的话题。这次我们要用 "提问力" 来让对方回顾、总结自己说过的话。

有时，我们的对话毫无边界，说着说着就跑题了。有时候甚至都不知道自己在说什么，只有嘴巴在不停地说着。人们在说话时很容易陷入这种状态之中。

专业的演讲稿执笔者在采访演讲者时，会在恰当的时机打断对方："到这里为止，我把您说过的话总结一下。" 这样就能很容易地总结出对方的话了。

如果对方听后说出 "和我说的好像有点不一样" 或是 "找补得过头了"，那么他说话就又能回归正题了。

但是，在一般的会议或谈判中，与其总结提问者的话，不如让对方在自己的大脑里完成总结、界定。这样对说话的人是一种提醒，也能督促他对跑题进行反省。具体方法就是用一句："……也就是说，是怎么回事呢？"若只是简短地询问"……也就是说？"也可以。于是，对方就会为了总结自己的话而动脑筋："也就是说，是这么一回事。"

"所以，会怎么样呢？"这句话也很有效，可以让对方思考自己说过的话的"结果"。仅仅是让对方思考一下自己所说事情的目的，就能得出你想要的结果。

不要让对方没完没了地说话，而是应该让他在中途总结自己的想法。这也是"提问力"的重要力量。有人要提问吗？

"我遇到不懂的事就会说：'我不明白什么意思''请再简明地解释一下'。别人都说我'凶巴巴'的。像我这么说起不到提醒对方的作用吗？"

"三田，很遗憾，这么说是没用的。

"当你说'不明白什么意思''请再简明地解释一下'时，对方就只会把相同的解释再详细地说一遍。

"多数情况下，对方的话会越说越长，反而让人更难理解了。

"'不明白什么意思'就好像是在对一直努力说明的对方说：'为了让我弄明白，你需要从头开始重新解释一下。'对方自然是不高兴的。"

"原来如此，如果我们说'不明白'，对方就会觉得'既然你不明白，我就再说一遍'，于是就会重复相同的话。

"但是，如果我们问的是：'……也就是说，是怎么回事呢？'对方就会总结自己说过的话，而不仅仅是重复。"

"唐泽润，答得好。'让对方总结'比'让对方再说一遍'更重要，能让我们得到相对容易理解的回答。"

"老师，那如果问'总而言之，是怎么回事呢'行不行？我觉得这也是让对方总结的'提问'。"

"这里我们稍微谈一谈'语言运用的规则'。'总而言之'是阐述结论时使用的词语，基本上是由说话者本人使用。

"当其他人说出：'总而言之，是怎么回事呢？''总而言之，是什么情况。'就会有这样一种语气：'你说话磨磨唧唧的，我没听懂。请简洁一些。'

"提问者可以这样用：'总而言之，是这个意思吗？'也就是在表达'我总结出你的意见是这样的，我理解得对吗'。

"要用在说出自己意见的场合，不能把问题全部抛给对方。三田这么聪明很快就能记住，我来举个例子吧。

"比如，经营部部长把三田叫过去说：'三田，最近学生们好像用腻了 My Dream，或许咱们商品投放得有些多，让人失去了新鲜感。不过，你提出面向职场女性的粉饼盒尺寸的产

品倒是卖得很好。不仅仅是年轻女性，在老年女性之中也评价很好。最近，我见到我 87 岁的妈妈也用着呢。'

"那么，三田，你听后怎样总结呢？"

"部长，您的妈妈都在用这款产品，实在是我们的荣幸。

"您刚刚说的话，我能否理解为以学生为目标群来打造的'My Dream'变成了各个年龄层女性使用的商品，根据这个现状我们是否应该修改商品的设计和种类？"

"你好厉害，我可没法总结得这么好。"

"的确很厉害，揣摩到了部长的心思。

"而且，以一句'能否理解为'提问，部长也很容易做出回应，说得好。"

"我明白为什么大家都说我的话很强硬、令人难以接受了。平时我反问的感觉都是：'部长，您说话没头没脑的，我不明白您想说什么。您想让我做些什么呢？'"

"嗯，你知道这样不对了吧。

"我们现在正在讲的是'利用对方说的话进行总结，或是让对方总结'。

　　"对方才是我们应该费神的地方，不要让对方感到不快。至少我们要用请教的方式'提问'，这样才能有较大可能性获得很多好的反馈。大家还需加强应对这种心理战的能力啊。"

　　"可是，看电视的'答记者问'会上，经常能听到'总而言之，到底怎么回事'这样的话。"

　　"那是故意在用'总而言之'这个词来挑衅对方，和说'说话不要慢吞吞的！快说结论！结论！'是一样的。

　　"这是'答记者问'会中特有的技巧，不能在平常的对话中模仿。"

　　"'所以，会怎么样呢？'是我们销售部部长的口头禅。在每周召开的销售会议上，大家会讨论各种事项。

　　"最近就有个前辈在会上呼吁：'再这样下去，人手不足，大家都要累死了！'

"于是，部长就问：'所以，会怎么样呢？'

"前辈回答：'所以……有人会倒下，或者原本能够胜出的企划案会落选。'

"部长继续深入地问道：'哪部分的人手不够？''谁感觉很累？'然后他开始着手选择最合适的人才确保企划案的胜出。

"如果前辈只是恳求：'请帮帮我们！'事情就不会有任何进展。

"我想，前辈也是通过部长询问'所以，会怎么样呢'，找到了具体的补充要点。"

"这也是个'提问力'的好例子啊。

"通过'提问'，让对方思考具体的内容、说明未来会怎样发展。部长好像懂得用'提问力'突破阻碍的方法呢。"

"语言真是深奥啊。只说出自己想说的话是得不到对方更多答案的。

"仅仅通过提问就能让回答概括起来，或是使事情向前推进。我受益匪浅。"

─< POINT >──────────────────────────

　　归根结底，让对方总结是有意义的。

瞬间改变对方反应的"提问对话法"

现在是最后一天的第四节课，大家是不是已经累了？

今天，我们的主题是将对方带入情景的**"提问对话法"**。你们认为下面的两种交流方式哪一种对部长更有说服力呢？

A. "今天我带来了立木的圆珠笔新产品。最近高级商务人士对这款产品有很大的需求量，所以这次我公司面向他们打造了高端产品，是细杆四色圆珠笔。为了书写流畅，我们把重心放在笔尖上。而且手指接触的笔杆部分用了榉木，使触感更加舒适。"

B. "今天我带来了立木的圆珠笔新产品，能借用您一点时间吗？（部长：'好的。'）谢谢。部长，我想您应该知道最近面向高级商务人士的高端产品需求量很大。那您了解他们需要什么样的笔吗？（部长：'还真不知道。'）其实，是实用的四色圆珠笔。我们对笔的形状也有一定的讲究。部长，现在店里有笔尖低重心的笔吗？（部长：'可能没有。'）而且手指接触的部位是榉木质地的，您试试，触感如何？"

很明显，B 方式让对方更有参与感。

在讲话过程中不时提出问题，让对方回应。实际上，很多认为自己能言善辩的人用的都是 A 方式。说起话来口若悬河，这样对方只能左耳进右耳出。可以用"提问"将相同内容的话语细化一下，若对方沉默寡言、不善言辞也没关系。我们应该用"提问"一边接收对方的反馈一边讲话。

对话需要我们和对方一起完成。请记住，更多地倾听对方的声音，谈判就会更顺利。有人要提问吗？

"老师，辛苦您了。学到最后，我觉得我又发现了自己说话方式的问题。我就是会把话一下子说完的人，说话时甚至都顾及不到周围的环境。"

"我也是。但是，还是个新人时我觉得这样说是可以的。实际上，曾经有人对我说过：'小伙子挺有活力。'现在想来这样说应该是不认可我能力的意思吧。"

"很多自以为能说会道的人都是应用刚刚提到的 A 方式。而且，最近受到 TED 和 YouTube 的影响，越来越多的年轻人喜欢讲话一气呵成。他们认为说话语速快、声音高亢，能显得自己很聪明。"

"这些网站让大家给单方面喋喋不休地讲话'点赞'，这才让大家以为这是理想中的说话方式。"

"好在很多人都碰壁了。他们只顾自说自话，并不懂得职场上需要的是相互确认对方说的内容。"

"老师，我有时也会因为害怕与对方交涉、忐忑不安地怕自己会忘记什么，所以想要一口气赶紧说完。"

"嗯，我害怕说话过程中有人提出反对意见，最后没能说出自己想说的话。有时候就希望能把结论表达出来，所以才会自己一直说下去。"

"你们听好，接下来是关键内容。即使被对方否定，或是对方对自己的话并没表示出兴趣，我们也要想方设法运用'提问力'坚持自己的意见。这是真正的沟通。"

"可是，在刚刚的案例里，如果对方部长知道高级商务人士的需求是高级四色圆珠笔的话，那么情况就会发生变化了吧。

"或者是如果对方表示否定：'商务人士是不会买四色笔的。'那我们应该如何推进对话呢？"

"我们来复习一下，第一天学了什么呢？我们学习了'自问自答'对吧。

"在与客户见面之前，认真地'自问自答'一番，做好准备功课，比如，'当对方知道四色圆珠笔流行的时候，应该宣传这笔的哪个新卖点呢？''当对方对四色圆珠笔反应比较消极的时候应该怎样说服他呢？有没有数据？网上是怎么说的？'

"要考虑到各种可能发生的情况，并思考出对策，这样无论对方有什么意见都能反弹回去。"

"原来'自问自答'可以用在这种情况。"

"是啊，实际上，我们公司的四色笔比其他厂家的要纤细。笔握是榉木做的，虽然乍一看很轻，其实重心控制得很到位，不用力也能写出来。"

"而且，蓝色的墨水是立木的'靛蓝'。也许这在欧洲也能卖得不错。银座的太田屋有大量的外国游客，所以这可以成为给太田屋推销的卖点。"

"看吧，只要你们愿意找，就能发现好的主意。开会时也要像刚刚那样，关键在于认真地准备好一些假设的问答。"

"老师，我觉得自言自语地说的确不太好，但如果对方是沉默寡言或者不善言辞的人，那应该怎么办呢？

"与对方讲话时既不能沉默冷场，自己一直说又可能会引起对方的反感。我觉得在实际工作中，有很多不好交流的人。"

"是的，职场与学生时代的社团或小团体不同，即使与对方性格不合也必须应付下去。虽然这很难，但也不是没有诀窍的。在见面的时候一开始应该怎样搭话呢？有几种固定的模式。"

"这个我擅长。比如，向太田屋推销新产品时要说：'接下来我要陆续去全国的文具店，但在此之前我只把新产品拿到了太田屋。一直以来在店里陈列的商品中没有出现过这样的类型。您有时间聊聊吗？'

"前辈告诉我要表现出'只有你最特别'的感觉。"

"唐泽润，说得好！不愧是原王牌销售！原来只要让对方有一种被特别优待的感觉就可以了。"

"'原'字有些多余了。不过，的确在我干劲儿满满的时候，经常会思考提什么问题能让对方停下脚步。我回忆起一些了。"

"是的，通过思考大量'提问'，销售能力就能有所提升。因为要把自己假想成对方来猜测对方的语言。

"好了，接下来就要迎来最后一节课，走吧！"

┌─< POINT >─────────────────────
│ 更多地倾听对方的声音，谈判就会更顺利。
└────────────────────────────

讲座 25　在最关键的场合让"提问力"成为武器

这是我的"提问力讲座"的最后一节课。在这 5 天里，大家一直坚持来参加讲座，从来没有缺席过，真的谢谢你们。最后，我想讲一件将"提问力"传授给我的上司的趣事来结束这次的讲座。

那是我 30 多岁时的事。因为不希望把企划书给上司看后被批评，所以直到提交的最后一刻我一直在整理自己的想法，没给任何人看过。

上司把企划书拿到手之后，脸色立刻阴沉了下来，说了一句："不行。"我有些生气地问："哪里不行？"上司说："太完美了，这是弱点。"我不太明白他的意思。

上司让我把用 PPT 做的完美的企划书改成用 WORD 的项

目编号列出来，还说不要写结论部分。

第二天，我和上司两个人去拜访客户，带着不完整的企划书。

上司对对方的部长说："我们思考到这里有些苦恼。"于是，对方苦笑道："又来了。"

但是，部长却很愉悦地说出了自己的想法，远比我的思考更宏大，甚至将全世界都纳入视野范围内。我从来没有听到过这样的话。

"濑木，**你的完美其实是你自己世界里的完美**。趁早舍弃你对自己意见的执着，让自己强大到可以吸收别人的意见吧。你应该让自己的意见更有力、更充实，强大到能够影响更多的人！"

这是上司的话。从那天开始我对工作的看法发生了变化。有一种领受到"提问力"精髓的感觉。

我的讲座到此为止，请你们一定要利用"提问力"让自己强大到影响更多的人。谢谢大家的聆听。

"老师，我都哭了。真的，都掉眼泪了。"

"谢谢您。怎么说呢，感觉被震撼到了，原来自己活得如此狭隘。"

"我那时也和你们一样，没有自信，但自尊心还很强，总是像刺猬一样，为了避免别人触碰就竖起自己的刺，来守护自己的意见和企划。

"但是，遇到这位上司，我开始思考：'我到底在守护什么呢？'同时也在想：'自我满足、虚荣心、被认可的诉求、自尊——为了这些不值一提的事而努力有什么可高兴的？'"

"我们进公司已经第四年了，有一点步入瓶颈的感觉，我觉得问题也在这里。无法再像以前那样不负责任地为所欲为了。我想就这样一直恣意下去。"

"固然不能没有自己的想法，但我认为我们需要接受别人意见的宽广心胸。"

"在这世上，有人思考的事情比咱们自己的想法有趣百倍。

"有一次，我打车遇到了一位出租车司机，他的言谈里蕴含着深刻的哲学道理。他和妻子在旅行中相识，因为妻子的一句话便开始收集这片土地的历史。竟然有这样的事。

"为了能与这种人相遇，我们必须要具备好的'提问力'。"

"我记得这是第一次讲座说的'好奇心'吧。'想要更了解你'的心情。"

"进入公司 4 年了，大学时代的朋友之中也有人选择了辞职创业。

"'在这家公司继续耗下去真的好吗？'这种想法总是挥之不去，好奇心就这样渐渐消失了。这样想来，我觉得特别对不住前女友。说实话，分开也算是为她好了。"

"唐泽润，来参加讲座后你提出的问题一天比一天精准。不仅如此，你还能抓住十分渺茫的机会，想要与'埃尔米特'建立联系。已经到了可以尝试着提升将对方带入你的情景的能力的阶段。"

"这得亏了三田。在她的带领下，我一直想要尝试的、与最高级品牌合作的梦想才能进展到这一步。"

"还什么都没定下来呢。仅仅是在太田屋负责人的关照下，空出 6 分钟时间可以让我们与对方见面而已。

"不过，怎么说好呢。尽管只有很短的时间，我觉得也应该勇敢地表达我们的想法。我感觉如今我们已经具备了令人产生带入感的能力。"

"不错啊，即便没能顺利合作，这也是尝试把'提问力'当作武器进行挑战的最佳舞台了。"

"老师，最后再问一个问题可以吗？如果您有能应对查理·布雷尔董事长的'提问力'，请传授给我们！"

"唐泽润，你都已经用上'最后再问一个问题'了。

"好吧，那么就把这当成是最后的问题吧。像查理·布雷尔先生这样的大人物，'提问力'应该在你们之上。如果你们用'提问力'作战的话，他也会用更高级别的'提问力'反击。

"具备'提问力'的人能够把控对话主导权，所以他一定会这样做。"

"太难了！光顾着思考'提问力'了，还没来得及研究回答的方法！"

"不过，不用担心。你们已经不会再对对方的'提问'感到束手无策了。因为在这里我们都已经学到过了解对方提出某个问题的原因，你们能看出'这是在用理想与现实提问法''这里应该以行动作答'。请记住，'提问'的答案一定就隐藏在对方的提问之中。"

"是呀，不用害怕。老师，真的太感谢您了！感觉自己又恢复活力了，就像是做了场梦一样。"

"三田，谢谢你。如果没在食堂遇到你，我大概仍在荒废时间。"

"好了，我们到此结束。我也会为你们前途大好的未来而加油。'埃尔米特'项目，我等着你们的好消息。你们二人一定要齐心合力席卷他们！"

⟨ POINT ⟩

仅凭吸收别人的意见你就能变得更强大！

两个人燃起蓝色的火焰!

5 天的讲座结束后,唐泽润和三田小百合立刻行动起来。

企划部的三田小百合在公司内部做了个调查:如果能和"埃尔米特"合作的话,能产生怎样的可能性呢? 有人说:"这是在做梦。"也有人说:"不是很有趣吗? 以我们的品质可以应战。"

某日,三田小百合偶然与立木社长同乘一部电梯。

立木社长看着企划书"提问":"有可能成功吗?"

三田小百合当即使用"理想与现实的差距法"回答:"现实是没有时间了,难度很大。但是这是让世界认可立木品质的千载难逢的时机。现在我们在思考应该如何缩短这种差距。"

"差距啊……"社长自言自语道,然后他笑着说,"如果需要我为缩短差距做些什么,请告诉我。"

此时,她真切地感受到"提问力"还可以成为"应答力"。

唐泽润也干劲儿十足地行动起来。

他每天都去拜访太田屋的塚田部长，就购买"Dream Point"的外国人的动向向其提问。

他已经不是那个凡事都敷衍了事的唐泽润了。

到了关键的地方他会盯着塚田部长的鼻尖两三秒钟听对方讲话。

"为什么呢？泰国人大量购买的原因是什么？"唐泽润这是在努力地通过倒装法不断地调动塚田部长的情绪。

唐泽润还经常出入墨水制造部门，以"为何选择制作现有的这些颜色"作为开端，然后询问对方："能否做出其他颜色？"对方说："可以。"他就会接着问："具体是什么颜色？"

"比如，浅葱色、松叶色、鸭绿色等。"对方说着拿出色板给唐泽润看。唐泽润与开发人员一一斟酌某个颜色是否适合做圆珠笔油墨，如果不适合，他就会接着问："还有其他颜色吗？"并且罗列出"提问的3个撒手锏"来进行更加深入的挖掘。

三田小百合送给他的"My Dream"笔记本很快就被文字填满了。小号的便签本也变成了"提问笔记"，上面都是带"？"的文字。只要有在自问自答中不明白的事他就会记在便签本上。

晚上 10 点，办公室的灯光全都熄灭了。唐泽润和三田小百合每晚都在这个时间开始吃晚饭。

说是吃饭，其实基本上都在碰头讨论。唐泽润"提问"，三田小百合扮演查理·布雷尔先生回答问题。

"我们希望能用我们的墨水与'埃尔米特'的高级品牌笔合作，您意下如何？"

"这问题不行，仅仅说出了自己的愿望。在法国，查理·布雷尔先生与其说是经营者，更是一位艺术家。我认为如果咱们不能从更有文化、更艺术的角度'提问'，对方是不会理睬我们的。"

三田小百合为了唐泽润，将自己在网上收集到的大多数法语资料都翻译成了日语。看了查理在法国、美国进行的采访，的确谈到了很多关于法国绘画的历史和设计方面的话题。

"喂，唐泽润，咱们的时间只有 6 分钟哦。我觉得我们应该强调的是他最中意的'Dream Point'的蓝色的话题。以询问他对那款墨水的评价为切入点，然后不就能发现接下来的'提问'内容了？"

"我也是在提问时想到了这点。咱们就用'提问钻头'挖掘，来打开突破口吧。"

唐泽润重重地点了点头，狼吞虎咽地吃起已经微凉的意大利面。但他不小心洒了一点，弄脏了领带。

他默不作声地盯着脏了的领带，想起自己生日时三田小百合送他的那条"埃尔米特蓝"领带。在与查理·布雷尔先生见面之前，领带一直放在 5 年前去世的父亲的照片旁边。

三田小百合用一个很大的玻璃杯喝着水。

唐泽润看到那个玻璃杯中反射出各种各样的蓝色，有"龙胆""鸭跖草""紫藤""桔梗"，等等，映衬得三田小百合如同蓝色宝石一般璀璨。

唐泽润也慌乱地喝了口水，他感觉长久以来存在于心里的大石头和斑斑锈迹都烟消云散了。

向埃尔米特社长"提问"

与查理·布雷尔先生的会谈在银座太田屋本社 8 层的会客室举行。

布雷尔先生与相熟识的太田屋社长愉快地进行"文具磋商"——据说这是每年的惯例活动。

首先由太田屋的塚田部长介绍事情的原委，然后两个人将从立木社长那里拿到的尚未问世的"Dream Point"赠送给布雷尔先生。布雷尔先生带来的南法阳光式的温暖笑容使房间的气氛松弛下来，在这样的气氛中双方开始了交流。

面对布雷尔先生的是唐泽润，一旁的三田小百合担当法语翻译。

"首先，我想请问您中意本公司的'Dream Point'哪一点呢？"

"嗯，全部都喜欢。特别是颜色。你应该也了解，我们法国人会捣碎天然的石头、烧土，然后用油混合制作颜料。这是绘画用品和口红颜色的来源。我觉得这是一种十分伟大的文化。你们日本人用草木创作颜色。那种美丽与纤细感以我们的眼睛是无法再现的。这种无法再现的颜色，就是这支笔的'靛蓝'。"

"谢谢您。您曾经考虑过要在某些具体的产品上采用日本的蓝色吗？"

"嗯，现在你带着的这条我们的领带，就是我们有意用日本的蓝色打造的。在服装和设计方面，任何人都能做出相似的色调。但是墨水却不行。"

"为什么墨水做不出来呢？"

唐泽润继续运转"提问钻头"，打算用墨水一点一点地突破。

"你们想想签字笔的墨水。德国的墨水是浓重、暗淡的蓝色；美国接近于铁青色；而我们法国是将明亮的蓝色调深后使用。不同国家人们的眼光和技术差异决定了喜好颜色的不同。圆珠笔的油墨就更难了。"

"但是我认为像埃尔米特这样大的品牌是可以做出来的。'埃尔米特蓝'也是我们日本人做不出来的颜色。"

唐泽润用了"肯定现状"

这一招，等待着布雷尔先生吐露心声。

"的确并非做不出来。但是，我认为色彩文化并不是依靠电脑就能简单地再现，或是用钱就能摆平的东西。我们公司看起来很前卫，其实是老派工匠的公司。"

"您认为若要制作出日本的靛蓝色，应该怎样做呢？"

一旁的三田小百合用日语说完问题后翻译成了法语。

说话者改变，感觉敏锐的布雷尔先生通过提问中的"怎样（HOW）"和"行动"了解到了两个人的意图。

双方陷入沉默之中，布雷尔调整了坐姿，深深地靠在椅子上。为了配合他，唐泽润也调整了姿势。

"我明白你们的意图了。是想把立木的墨水放进我们的笔里对吧。没事，我没有生气。就商业而言这是个合理的提案。那么，由我来问你们几个问题。你们公司除了这种靛蓝以外，还能做出其他蓝色吗？"

三田小百合从身后拿出对折的色板，打开展示给对方。

"这是凭我们公司的技术能制造出来的蓝色。浅葱色、松叶色、鸭绿色、龙胆、鸭跖草、紫藤、桔梗……"

查理·布雷尔先生突然坐直身体。

这时的他不再是董事长，体内艺术家的灵魂燃起了火焰。

"这个好厉害。如果用立木的墨水应该就不会把纸洇脏或是书写不畅吧。"

"是的，我们的理想是希望能把我们的墨水用在贵公司如宝石一般的笔中。但是现实却很遗憾，'Dream Point'是普及型产品中的廉价商品，而且听说贵公司已经拒绝过我们两次了。

"这理想与现实应该怎样合二为一呢……"

"原来如此，理想与现实啊。那么，请让我也说一说吧。我有信心说，我们的产品肩负着法国的艺术文化。但是，所谓的法国文化，是在大量地汲取其他文化之中成长起来的。日本的浮世绘也对法国文化产生了影响。我很想尝试着做出墨水采用这么漂亮的日本色调的笔。刚刚我也说过，我也是一个工匠。但是，也有现实问题。我们公司也有墨水供应商，怎样处理和他们的合作是个问题。另外，说句失礼的话，我并不了解贵公司的供应水平。而且，立木真的是代表日本文化的厂商吗？仅凭这个'Dream Point'是无法判断出来的，我也有理想与现实的差距。"

唐泽润的提问停止了。

以眼下自己的能力是无法回答出这种差距的。时间一分一秒地逼近。

看着天花板，他的耳畔突然响起了濑木周作老师的声音："正正负正……"

开始实现我们的梦想吧！

"我们彼此都拥有非常棒的文化与技术。如果我们可以携手，就能通过'蓝色'这种色彩冲击整个世界。的确有一些现实中的问题存在，或许我们会面临阻碍与困难。但是我觉得大多数问题都是源于我们彼此的不了解。您认为这种差距无法弥补吗？"

查理·布雷尔先生凝视着唐泽润的鼻尖。"时间到了。"当他的秘书宣布会议结束时，他回答："我希望你们能再告诉我一些日本的文化以及蓝色有多么美丽。怎么样，你们两个要不要来巴黎？让我们的工匠也参与进来，具体地聊一聊吧。"

三田小百合正在记笔记的手停了下来，肩膀颤抖着。这时，查理·布雷尔又对她说："最后，我能再问一个问题吗？你使用的便签本也很不错。拿在女士的手里大小刚刚好，很雅致。我想把那个便签本也让我们的工匠看一看。好了，开启我们的梦想'Our Dream'吧。"

两个人踏上巴黎之旅

唐泽润和三田小百合马上将与"埃尔米特"的查理·布雷尔先生的会谈结果报告给立木社长、营业部部长和濑木周作老师。

"正如老师最后讲的那样，查理·布雷尔先生是一流的商界精英。他的'提问力'太厉害了。不过，幸好我们学习了'提问力'，可以使事业向着我们理想的方向发展。"

"埃尔米特"很快就联系了立木社长，决定一个月后安排两个人去巴黎进修。油墨制造部门、销售、企划部也都传来了喜悦的欢呼声。

一个月的时间转瞬即逝，终于到了两个人启程前往巴黎的那一天。寄存好行李后，两个人朝安检口走去。

"你就像回家一样，轻轻松松的，真好。我就不行啦，一点儿法语都不会。"

听到唐泽润这样说，三田小百合依旧沉默地低着头。走在前面的唐泽润并没有注意到她。那个背影又恢复到新人时期自信满满的状态。

"喂，唐泽润！"

听到三田小百合叫他，唐泽润回过头来。三田小百合的脸颊泛起了些许红晕。

"能问你一个问题吗？你不要逃避，好好用'行动'回答我。今后我们两个会怎么样呢？"

在当今时代"面对面谈话"很重要

我曾经迟迟定不下来唐泽润和三田小百合的名字。既不要当下流行的很闪耀浮夸的名字，也不要昭和时代的具有时代感的名字。唐泽润在我成书过程中曾经改过两次。三田小百合改过一次，又回到了最初的名字。我和编辑对着彼此的手机干瞪眼，列举出了不少名字。在这次的对话中有了一些想法，就此定下名字。

这次的主人公之所以陷入阴霾之中，是由于"不思进取"和"漠不关心"两种问题。利用"提问力"这一武器唤醒"好奇心"，让自己恢复"渴望更多地了解"的状态，这就是这个故事的主要思想。

不仅仅是提供技巧诀窍，我希望能改变大家从进入公司第四年左右开始的"不思进取"和"毫无紧张感"的态度。我认为，无论是为了让工作朝着自己希望的方向发展，还是为了提升心理张力，"提问力"都能发挥作用。

遗憾的是，当今社会，与人面对面交流的机会正在大幅减少。人与人的沟通交流都是以网络为中心。我甚至听说过一则可怕的新闻：由于见面说话的机会减少了，表情肌功能衰退，当代人眉毛的动作范围变小了。

但是，最重要的瞬间其实是无论公事、私事都直接见面交谈。通过和其他人的共同协作，彼此了解、相互认可，谱写出共同的故事。这是最为有效的、能增添自己精神食粮的工作，相信即便在遥远的未来也不会改变。

我衷心希望这本书能作为协同工作的指导书，摆放在大家的书架上最方便拿到的位置。

这是我的第十本书。长久以来，大河出版编辑部的礒田千绂小姐一直支持着我。她写给我的"因不会提问而苦恼的人"和"并不重视提问的人"的坦率建议，为我写成这本书提供了助力。谢谢！

期待着这本书能为诸位助力。

蓑田吉昭

「質問力」って、じつは仕事を有利に進める最強のスキルなんです。

版权登记号：01-2020-5981

图书在版编目（CIP）数据

提问力：有效推进工作的最佳技能 /（日）蛭田吉昭著；徐萌译 .
-- 北京：现代出版社，2020.12
（精英力系列）
ISBN 978-7-5143-8888-6

Ⅰ . ①提… Ⅱ . ①蛭… ②徐… Ⅲ . ①提问－言语交
往－通俗读物 Ⅳ . ① B842.5-49

中国版本图书馆 CIP 数据核字（2020）第 196244 号

提问力：有效推进工作的最佳技能

著　　者　[日]蛭田吉昭
译　　者　徐　萌
责任编辑　赵海燕　王　羽
出版发行　现代出版社
通信地址　北京市安定门外安华里 504 号
邮政编码　100011
电　　话　010-64267325　64245264（传真）
网　　址　www.1980xd.com
电子邮箱　xiandai@vip.sina.com
印　　刷　北京瑞禾彩色印刷有限公司
开　　本　880mm×1230mm　1/32
印　　张　6.5
字　　数　123 千字
版　　次　2021 年 4 月第 1 版　2021 年 4 月第 1 次印刷
书　　号　ISBN 978-7-5143-8888-6
定　　价　45.00 元